WERKSTATTBÜCHER
FÜR BETRIEBSANGESTELLTE, KONSTRUKTEURE UND FACH-
ARBEITER. HERAUSGEBER DR.-ING. H. HAAKE, HAMBURG
HEFT 110

Nichthärtbare Kunststoffe
(Thermoplaste)

Von

Dr.-Ing. Hermann Determann
Hamburg

Mit 63 Abbildungen

Springer-Verlag
Berlin/Göttingen/Heidelberg
1953

ISBN-13: 978-3-540-01764-6   e-ISBN-13: 978-3-642-99845-4
DOI: 10.1007/978-3-642-99845-4

Inhaltsverzeichnis.

Vorwort.

In dem Werkstattbuch Heft 109 und dem vorliegenden werden die Kunststoffe vom Standpunkt des Ingenieurs behandelt. Die Hefte wollen den Ingenieur, der gewohnt ist, vorwiegend metallische Werkstoffe anzuwenden, mit den besonderen Eigenschaften der Kunststoffe vertraut machen und versuchen, dem Konstrukteur und dem Betriebsmann die Scheu zu nehmen, sie anzuwenden. Es sollen aber auch gleichzeitig die Grenzen der Anwendbarkeit angegeben werden. Für Hinweise aus dem Leserkreis über Verbesserungen oder Ergänzungen wird der Verfasser stets dankbar sein.

I. Einführung.

1. Die wirtschaftliche Bedeutung der Kunststoffe. Gelegentlich findet man die Meinung vertreten, daß es sich bei den Kunststoffen um minderwertige Ersatzstoffe handelt, die ihre Entwicklung dem Mangel an gutem Material verdanken. Die Mißerfolge, die zu dieser Ansicht geführt haben, sind aber weniger durch die Eigenschaften der Kunststoffe als durch ihre falsche Anwendung begründet. Der Verbrauch an Kunststoffen je Kopf der Bevölkerung ist in dem rohstoffreichen Land der USA viel größer als in Deutschland. Hieraus geht am deutlichsten hervor, daß die Kunststoffe Eigenschaften haben müssen, die von anderen Werkstoffen nicht erreicht werden. BECK hat die Welterzeugung der Nichteisen-Metalle und der Kunststoffe in Abhängigkeit von der Zeit zusammengestellt [1][1]. Wenn man die von ihm in t angegebenen Zahlen in m^3 aufträgt, wie dies in der Abb. 1 geschehen ist, so ergibt sich, daß die Produktion von Kunststoffen die Welterzeugung an Leichtmetallen etwas überschritten hat.

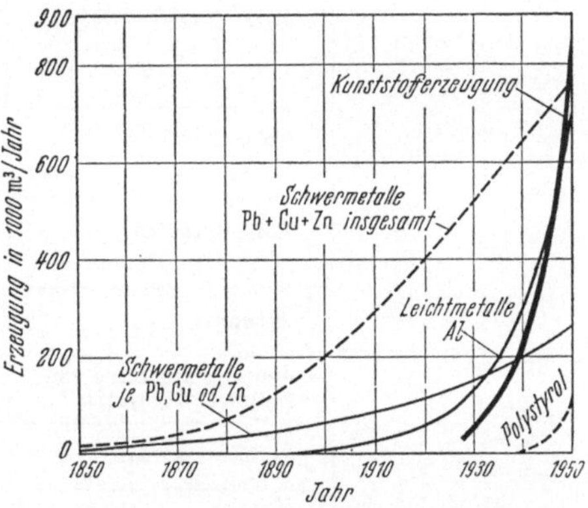

Abb. 1. Welterzeugung (jährlich) einiger Schwermetalle, von Aluminium und von Kunststoffen (nach BECK).

1950 war die Erzeugung der 3 Gruppen: Kunststoffe, Leichtmetalle, Schwermetalle, (Blei, Kupfer und Zink zusammengerechnet) in m^3 etwa gleichgroß. Wenn die Erzeugung dieser Werkstoffe in der bisherigen Weise zunimmt, ist für 1960 mit einer etwa gleichgroßen Erzeugung in t zu rechnen. Die Erzeugung von Roheisen ist heute viel größer und wird auch im Jahre 1960 ein Vielfaches der Kunststofferzeugung betragen. Aus der Tabelle 1 sind die Zahlen für 1948, 1949, u. 1950 zu ersehen. Die Bezeichnung Kunststoffzeitalter ist also nicht berechtigt, der steile Anstieg der Produktion beweist aber die Güte dieser neuen Werkstoffgruppe.

Tabelle 1. *Welterzeugung an Kunststoffen, Blei, Kupfer, Zink, Aluminium und Eisen.*

Material	Spez. Gewicht γ	Erzeugung in Mill. t		
		1948	1949	1950
Kunststoffe	1,2	knapp 1,0	rd. 1,05	rd. 1,3
Blei	11,3	1,51	1,70	1,90
Kupfer	8,9	2,33	2,39	2,66
Zink	7,1	1,79	1,95	2,08
Aluminium	2,7	1,285	1,34	1,6
Roheisen	7,8	110	160	188

[1] Die Zahlen in eckigen Klammern verweisen auf das Schrifttumsverzeichnis S. 63.

Bei richtiger Anwendung der Kunststoffe lassen sich in vielen Produktionszweigen wesentliche Fortschritte in bezug auf Leistungsfähigkeit der Erzeugnisse und Produktionsvereinfachung insbesondere bei Anwendung der Spritzgußtechnik erzielen. Bei der schnellen Entwicklung auf dem Gebiete der Kunststoffe ist in jedem Falle zu empfehlen, den Rat der kunststofferzeugenden und der verarbeitenden Industrie in Anspruch zu nehmen, da hier die neuesten Erfahrungen auch aus dem Anwenderkreis zusammenlaufen.

Tabelle 2. *Einteilung der Polyplaste nach dem chemischen Aufbau* [2].

1	2	3	4
1. Unterteilung	2. Unterteilung	3. Unterteilung, Benennung der Stoffe	Kennzeichen
C-Plaste	Polyplaste auf Basis von: Poly-Olefinen	Äthylen-Plaste Isobutylen-Plaste	Polymerisate Thermoplaste Elaste
	Poly-Vinyl-Derivaten	Vinyl-Alkohol-Plaste Vinyl-Äther-Plaste Vinyl-Azetat-Plaste Vinyl-Chlorid-Plaste (Polyvinylchlorid) Vinyl-Chlorid-Azetat-Plaste Vinyl-Azetat-Plaste	
	Poly-Akrylaten	Acrylat-Plaste Methacrylat-Plaste	
	Poly-Butadien	Butadien-Plaste Methyl-Butadien-Plaste Chlor-Butadien-Plaste	Polymerisate Naturstoffe Vulkanisierbare Stoffe Elaste
	Bitumen	Bitumen-Plaste	Abgewandelte Naturstoffe Thermoplaste
CO-Plaste	Polyplaste auf Basis von: Zellulose-Hydraten	Zellulose-Hydrat-Plaste	Abgewandelte Naturstoffe Thermoplaste
	Zellulose-Äthern	Benzyl-Zellulose-Plaste Äthyl-Zelulose-Plaste	
	Zellulose-Estern	Zellulose-Nitrat-Plaste (Zelluloid u. a.) Zellulose-Azetat-Plaste Zellulose-Azetobutyrat- Plaste	
	Schellack	Schellack-Plaste	Duroplaste
	Phenolharzen	Phenoplaste	Polykondensate Duroplaste
CN-Plaste	Polyplaste auf Basis von: Amidharzen	Harnstoff-Plaste Thioharnstoff-Plaste Dicyandiamid-Plaste } Amino-plaste Melamin-Plaste	Polykondensate Durokplaste
	Proteinen	Kunsthorn	Abgewandelte Naturstoffe Duroplaste
	Polyamiden	Polydicarbonsäurediamide Polylactame	Polykondensate Thermoplaste
	Poly-Urethanen	Urethan-Plaste	Polyadditionsverbindungen Thermoplaste Elaste
CS-Plaste	Polyplaste auf Basis von: Poly-Äthylen-Tetrasulfid	Thio-Plaste	Polykondensate Vulkanisierbare Stoffe Elaste
SiO-Plaste	Polyplaste auf Basis von: Poly-Methylsiloxan	Silikone	Polykondensate Thermoplaste Elaste

2. Begriff und Einteilung. Mit dem Wort Kunststoffe könnte man alle künstlich hergestellten Stoffe bezeichnen. Dem Sprachgebrauch nach versteht man jedoch unter Kunststoffen eine ganz bestimmte Gruppe von Werkstoffen, die nicht nur auf künstliche Art und Weise hergestellt, sondern außerdem organischen Ursprungs sein und aus Makromolekülen (Großmolekülen, aus vielen Einzelmolekülen zusammengesetzt) bestehen müssen. Ganz konsequent wird diese Einteilung zwar nicht durchgeführt. Man spricht z. B. auch von Kunststoffen, wenn es sich um die Vorstufe in niedermolekularer Form handelt. Vom Deutschen Normenausschuß ist vorgeschlagen, statt der Bezeichnung Kunststoffe das Wort Polyplaste (poly = viel; plast = bildsam, gestaltbar) zu verwenden. Der Begriff Polyplaste wird in dem Normenentwurf DIN 7731 folgendermaßen definiert: „Polyplaste sind Materialien, deren wesentliche Bestandteile aus makromolekularen organischen Verbindungen bestehen und die synthetisch oder durch Umwandlung von Naturstoffen entstehen. Sie sind in der Regel bei der Verarbeitung unter bestimmten Bedingungen plastisch formbar oder plastisch geformt worden" [2].

Man teilt die Polyplaste nach der chemischen Zusammensetzung ein in C-, C–O-, C–N-, C–S- und Si–O-Plaste (Tabelle 2):

C-Plaste (Carbo-Plaste) sind Polyplaste, die als wesentlichen Bestandteil makromolekulare Verbindungen enthalten, bei denen die Hauptketten (offene Ketten oder Ringketten) nur aus Kohlenstoffatomen aufgebaut sind.

C–O-Plaste (Carb–oxy-Plaste) sind Polyplaste mit Hauptketten aus Kohlenstoff- und Sauerstoff-Atomen.

C–N-Plaste (Carbo–azo-Plaste) sind Polyplaste mit Hauptketten aus Kohlenstoff- und Stickstoff-Atomen. Außerdem können noch weitere Elemente, z. B. Sauerstoff-Atome, in der Hauptkette vertreten sein.

C–S-Plaste (Carb–Thio-Plaste) sind Polyplaste mit Hauptketten aus Kohlenstoff- und Schwefel-Atomen. Auch hier können noch weitere Elemente z. B. Sauerstoff-Atome, in der Hauptkette vorhanden sein.

Si–O-Plaste (Sil–oxy-Plaste) — sind Polyplaste mit Hauptketten aus Silizium- und Sauerstoff-Atomen.

Diese Einteilung nach der chemischen Zusammensetzung ist die wissenschaftlich exakteste, da sie sich folgerichtig durchführen läßt. Für den Ingenieur, der sich über die Verwendungsmöglichkeiten dieser Werkstoffgruppe unterrichten will, ist jedoch die Einteilung nach den physikalischen Eigenschaften (Tabelle 3) praktischer.

Tabelle 3. *Einteilung der Polyplaste nach den physikalischen Eigenschaften.*

1	2	3
Unterteilung in	Kennzeichen	Beispiele
Fluidoplaste	Bei 20° C selbstfließende Stoffe (viskose Flüssigkeiten)	Flüssige Isobutylen-Plaste Flüssige Vinyl-Äther-Plaste Weichbitumen
Thermoplaste	Nichthärtbare Stoffe	Polystyrol Polyvinylchlorid Einige Polyamide
Duroplaste	Härtbare Stoffe	Phenoplaste Aminoplaste Hartgummi
Elaste	Gummielastische Stoffe	Weichgummi aus Natur- und Kunstkautschuk Einige Polyamide Feste Isobutylen-Plaste

Diese neuen Bezeichnungen werden sich erst langsam durchsetzen. Sie haben den Vorteil, daß die Begriffe klar definiert und im Ausland verständlich sind. Man kann aber daneben den Begriff Kunststoffe unbedenklich anwenden, ohne mißverständlich zu sein [1].

3. Unterscheidungsmerkmale der hitzehärtbaren und der nicht härtbaren Kunststoffe. Zu beachten ist, daß die Eigenschaften der Kunststoffe nicht nur von der chemischen Zusammensetzung, sondern mindestens im gleichen Maße von der physikalischen Struktur abhängen. Man kann nirgends so gut den Zusammenhang zwischen dem Verhalten eines Werkstoffes und seiner Struktur erkennen wie bei den Kunststoffen, deshalb ist das Studium der *Struktur*, des inneren Aufbaues, sehr interessant und von großer Bedeutung. Es kommt nicht so sehr darauf an, aus welchen chemischen Elementen der Kunststoff aufgebaut ist, sondern vielmehr darauf, wie die Atome zu Molekülen verbunden sind und wie die Moleküle wieder zueinander in Wechselwirkung treten. Man kann also die Eigenschaften der Kunststoffe allein durch die Veränderung ihres physikalischen Aufbaues ohne Veränderung der chemischen Zusammensetzung wesentlich beeinflussen. Die Thermoplaste unterscheiden sich von den Duroplasten auch nicht grundsätzlich durch die chemische Zusammenestzung, oder durch die Art der Erzeugung, sondern durch den Molekülbau. Die meisten Thermoplaste werden durch Polymerisation hergestellt, die härtbaren Kunststoffe vorzugsweise durch Polykondensation. Hierin liegt aber kein grundsätzliches Unterscheidungsmerkmal. Es gibt auch Thermoplaste, die durch Polykondensation hergestellt werden. Andererseits gibt es Duroplaste, z. B. Hartgummi, die durch Polymerisation hergestellt werden. Polyamide können nach beiden Methoden gewonnen werden. Unter *Polymerisation* versteht man die Aneinanderreihung gleicher Einzelmoleküle (Monomere) zu einem Makromolekül, z. B. Polyäthylen:

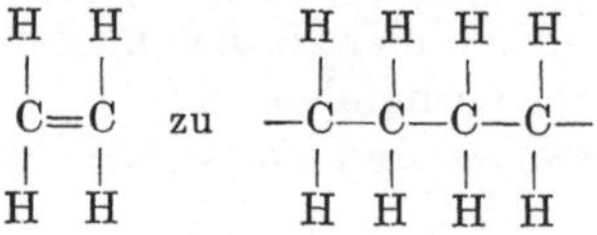

$$
\begin{array}{ccc}
\text{H}\ \ \text{H} & & \text{H}\ \ \ \text{H}\ \ \ \text{H}\ \ \ \text{H} \\
|\ \ \ | & & |\ \ \ |\ \ \ |\ \ \ | \\
\text{C}=\text{C} & \text{zu} & -\text{C}-\text{C}-\text{C}-\text{C}- \\
|\ \ \ | & & |\ \ \ |\ \ \ |\ \ \ | \\
\text{H}\ \ \text{H} & & \text{H}\ \ \ \text{H}\ \ \ \text{H}\ \ \ \text{H}
\end{array}
$$

Unter *Polykondensation* versteht man die Bildung eines Makromoleküls aus verschiedenen Einzelmolekülen unter Abspaltung eines 3. Stoffes, z. B. Wasser. Als Beispiel sei die Formel für Phenol-Formaldehydharz angegeben:

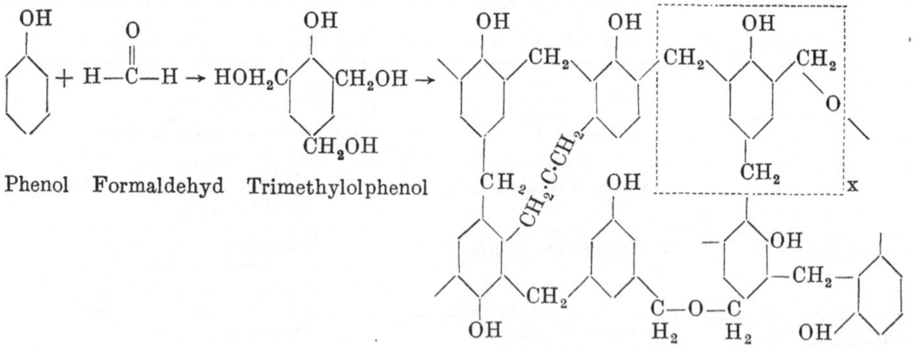

Phenol   Formaldehyd   Trimethylolphenol

Phenol-Formaldehydharz („Bakelite")

Die *Duroplaste* sind aus niedermolekularen Stoffen in *3 Dimensionen* zu einem Makromolekül gewachsen. Das Makromolekül ist also ein *räumliches Gebilde*. Solange noch nicht alle Bindungen geschlossen sind, besteht das Material aus kleinen Teilchen, die wie Sandkörner aneinander vorbeigleiten können. Die Körner haben nach allen Seiten freie Bindungsmöglichkeiten und sind bestrebt, mit den Nachbarteilchen zu reagieren, sobald sie dazu angeregt werden. In diesem Zustand wird das Material in die Preßform gebracht. Es befindet sich im plastischen Zustand und fließt beim Zusammenfahren der Preßform in alle möglichen Verzweigungen, Kanäle, Gewindegänge usw., bis die Form restlos mit Material gefüllt ist. Unter der Einwirkung von Druck und Temperatur verbinden sich dann die Einzelkörner durch primäre chemische Bindungen, das Material härtet aus. Nach einigen Minuten kann das Preßteil warm aus der Form herausgenommen werden, da die Gestalt durch primäre Bindungen festgelegt ist. Im ausgehärteten Zustand ist der Kunststoff nicht mehr plastisch, er ist hart und spröde. Auch in der Wärme läßt sich der Körper nicht mehr wesentlich verformen. Die Duroplaste sind wesentlich härter und wärmebeständiger als die Thermoplaste. Dieser Vorteil ist jedoch mit geringerer Zähigkeit und Dehnung verbunden.

Die *Thermoplaste* sind aus niedermolekularen Stoffen *mit nur 2 freien Bindungsmöglichkeiten* entstanden. Sie können also nur zu eindimensionalen, *fadenförmigen* Molekülen wachsen (Linearpolymere, Tabelle 4). Der chemische Vorgang bei der Polymerisation erfolgt in 3 Stufen. In der ersten Stufe erfolgt die Aktivierung des Niedermolekularen zum Radikal, d. h. einem Molekül mit freien Bindungsmöglichkeiten. Die Kohlenstoffdoppelbindung wird gelöst, so daß das angeregte Molekül zwei freie Bindungsmöglichkeiten erhält,

Tabelle 4. *Vergleich der Härte von linearen und vernetzten Polymeren* (nach HOUWINK).

Substanz	Kugeldruck-härte	Ritzhärte
Linearpolymere		
Polystyrol.	18	1,6
Kautschuk (unvulkanisiert) .	1—3	—
Azetylzellulose.	6—8	1,6
Seidenprotein	3—5	—
Vernetzte Polymere		
Phenolformaldehydharz . .	38—55	2,9
Harnstoff-Formaldehydharz .	35—50	2,9
Glyptal	30—35	2,8
Kautschuk (vulkanisiert) . .	35—50	2,5—2,8

$$\text{z. B.}\quad \begin{array}{c} H\ \ H \\ |\ \ \ | \\ C=C \\ |\ \ \ | \\ H\ \ H \end{array} \quad \text{zu} \quad \begin{array}{c} H\ \ H \\ |\ \ \ | \\ -C-C- \\ |\ \ \ | \\ H\ \ H \end{array}$$

In der ersten Stufe ist Energiezufuhr notwendig. In der zweiten Stufe des Prozesses verbinden sich viele derartige angeregte Moleküle zu einem Makromolekül:

$$\begin{array}{c} H\ \ H\ \ H\ \ H\ \ H \\ |\ \ \ |\ \ \ |\ \ \ |\ \ \ | \\ -C-C-C-C-C- \\ |\ \ \ |\ \ \ |\ \ \ |\ \ \ | \\ H\ \ H\ \ H\ \ H\ \ H \end{array}$$

Bei diesem Vorgang wird Energie frei. In der dritten Stufe erfolgt der Abbruch der Reaktion. Wie der Abbruch der Fadenmolekülbildung erfolgt, ist noch nicht ganz erforscht. Der Abbruch kann dadurch bedingt sein, daß kein angeregtes Molekül mehr in erreichbarer Nähe ist, oder dadurch, daß das Fadenmolekül durch ein fremdes Molekül mit nur einer freien Bindung abgesättigt wird. Der Prozeß muß durch Druck, Temperatur und Katalysatoren eingeleitet werden. Ähnlich wie in einer Metallschmelze die Kristallisation an vielen Stellen durch Keime angeregt wird, beginnt auch die Polymerisation an vielen Stellen. Die Zahl der Keime ist abhängig von den Anregungsbedingungen, insbesondere von der Höhe des Druckes und der Temperatur und von der Menge und der Art des Katalysators. Man kann also durch Wahl der äußeren Bedingungen in demselben Vorprodukt, dem Monomeren, durch Zugabe von viel Katalysator sehr viel mehr Keime bilden und erhält dabei eine große Zahl verhältnismäßig kurzer Makromoleküle. Will man ein hochpolymeres Produkt haben, so muß man wenig Katalysator zugeben. Evtl. muß man außerdem das Reaktionsgefäß

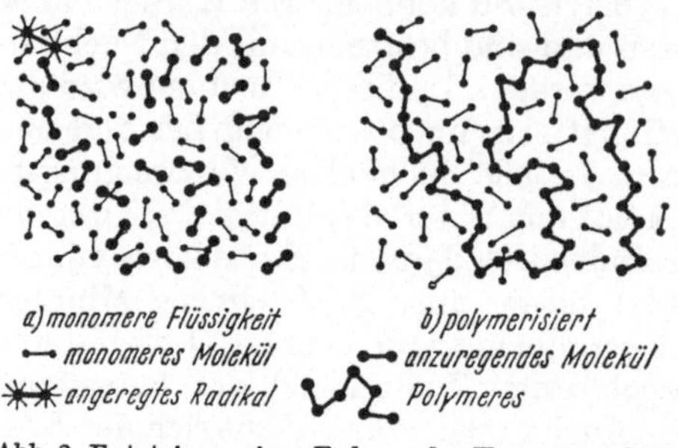

Abb. 2. Entstehung eines Faden- oder Knäuelmoleküls (Wattebauschstruktur) (nach ÜBERREITER-HOUWING).

kühlen. Abb. 2 zeigt schematisch die Bildung eines Makromoleküls.

Die Polymerisation kann auf verschiedene Arten durchgeführt werden.

4. Die Polymerisationsverfahren. Bei der *Blockpolymerisation* wird das flüssige Monomere mit dem Katalysator ohne weiteren Zusatz erwärmt. Die ruhende Masse polymerisiert im ganzen Block. Bei dieser Methode ist die Regulierung der Wärmezu- und -abfuhr nur schlecht möglich. Bei Wärmestauungen verläuft der Vorgang sehr schnell. Es kann sogar zu Explosionen kommen. Man erhält aber bei dieser Art der Polymerisation sehr saubere Produkte mit guten optischen Eigenschaften.

Technisch am häufigsten wird die *Emulsionspolymerisation* angewendet. Das Monomere wird mit Wasser und evtl. mit anderen Zusätzen zu einer Emulsion verrührt. Während bei der Blockpolymerisation die Wärme nur durch Leitung transportiert werden kann, wird sie hier durch Strömung der Emulsion geregelt. Das Polymere entsteht in Form von sehr kleinen Tröpfchen als sog. *Latex*. Der Latex

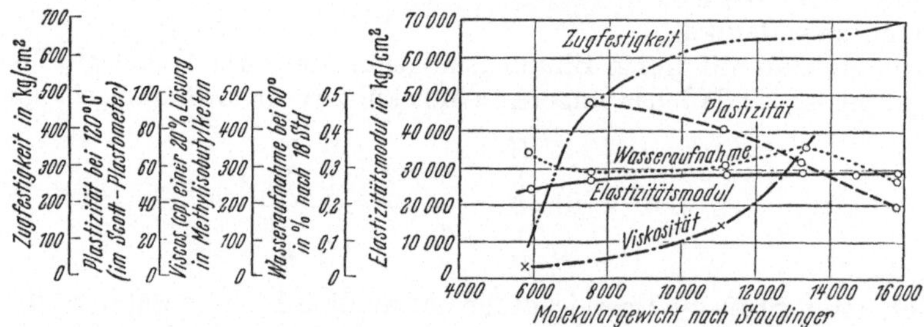

Abb. 3. Mit steigendem Molekulargewicht (der Kettenlänge) verbessern sich die mechanischen Eigenschaften.

kann direkt z. B. zur Herstellung von Kunstleder durch Auftragen auf Gewebebahnen verwendet werden. Er kann auch nach dem Ausfällen in üblicher Weise auf Mischern und Knetern weiter verarbeitet werden. Bei der Emulsionspolymerisation ist ein Emulgator notwendig. Wenn dieser Zusatz nicht völlig entfernt wird, kann die chemische Beständigkeit des Kunststoffes darunter leiden.

Dieser Nachteil wird bei der *Perlpolymerisation* vermieden. Der Kunststoff fällt hier in Form von kleinen Perlen und Körnern an, die sich zur weiteren Verarbeitung sehr gut eignen.

Die Kunststoffteilchen bestehen aus einem Gewirr von fadenförmigen Molekülen. Diese Fäden brauchen nicht gerade zu sein, sie sind meist gekrümmt und wie ein Wattebausch ineinander verschlungen (Abb. 2). Der Zusammenhalt innerhalb des Einzelfadens ist durch primäre (chemische) Bindungskräfte gegeben, der Zusammenhalt der Fadenmoleküle untereinander durch sekundäre (van der WAALsche) Bindungskräfte. Wie bei einem Wollfaden ist die Festigkeit des Materials von der Länge der Einzelfasern abhängig. Aus der Abb. 3 ist ersichtlich, daß die Zerreißfestigkeit bis zu einem Maximalwert ansteigt. Eine weitere Verlängerung der Kettenmoleküle hat keinen Einfluß mehr. Ein Vergleich mit einem Wollfaden zeigt dasselbe. Ein Faden, der aus sehr kurzen Einzelfasern gesponnen ist, hat geringe Bruchfestigkeit. Die Zerreißfestigkeit der Einzelfaser kommt nicht zur Wirkung, weil die Fasern aneinander vorbeigleiten. Mit steigender Faserlänge wächst die Reibung zwischen ihnen und damit die Zerreißfestigkeit des Wollfadens, bis die Reibungskräfte zwischen den Einzelfasern deren Zerreißfestigkeit erreicht haben. Von nun ab hat eine weitere Verlängerung der Einzelfasern keinen Einfluß mehr. Der Elastizitätsmodul, die Quellbarkeit usw. sind erwartungsgemäß unabhängig von der Kettenlänge. Die Viskosität steigt kontinuierlich an, Tab. 5 zeigt die Abhängigkeit der mechanischen Eigenschaften vom Polymerisationsgrad.

Tabelle 5. *Abnahme der mechanischen Eigenschaften eines Zellulosenitratfilmes mit abnehmendem Polymerisationsgrad (Filmstärke 0,080 mm, 12% N).*

Polymeri- sationsgrad	Bruchfestigkeit kg/mm²	Bruchdehnung %	Falzzahl
42	8,9	5,0	25
57	9,81	8,0	69
65	10,12	9,8	92
114	10,82	19,0	151
179	11,20	22,4	243
269	12,40	23,2	262
372	13,25	24,1	206

5. Die Thermoplastizität. Eins der wesentlichsten Merkmale der Thermoplaste, durch das sie ihren Namen haben, ist ihre plastische Formbarkeit in der Wärme. Bei höherer Temperatur werden die Thermoplaste weich, lappig und gummielastisch. Den Übergang nennt man den Erweichungsbereich. Oberhalb dieser Temperatur können diese Kunststoffe durch geringe Kräfte in eine neue Form gebracht werden. Wird das Bauteil in der neuen Gestalt wieder abgekühlt, so bleibt die aufgebrachte Form bestehen. Sie ist aber nur eingefroren. Durch Wiedererwärmung auf die Verformungstemperatur geht das Material in die alte Form zurück. Diese Warmformgebung kann beliebig oft wiederholt werden.

Um den *Vorgang der Thermoplastizität* erklären zu können, müssen die strukturellen Umwandlungen beschrieben werden. Zunächst müssen einige Temperaturen definiert werden, die für die Eigenschaften von Bedeutung sind.

Bei den Metallen und allen kristallinen Stoffen kennen wir *Umwandlungspunkte*, die bei einer bestimmten Temperatur liegen. Die wichtigste Umwandlung ist die von dem festen in den flüssigen Zustand. Außerdem treten bei einigen Metallen Umwandlungspunkte auf, bei denen der Gittertyp geändert wird, z. B. beim Eisen vom raumzentrierten kubischen Gitter des α-Eisens ins flächenzentrierte kubische Gitter des γ-Eisens. Derartige Umwandlungen der Feinstruktur gibt es auch bei den Thermoplasten. Bei den amorphen Stoffen, zu denen auch die Kunststoffe gehören, erfolgt der Übergang vom festen in den flüssigen Zustand nicht wie bei Metallen plötzlich bei einer definierten Temperatur, sondern allmählich in einem *Temperaturbereich*. Der Stoff kommt aus dem festen in den teigigen, immer weniger zähflüssigen Zustand. Es handelt sich also um einen Fließbereich, wenn auch oft einfachheitshalber nur eine Fließtemperatur, also ein Punkt angegeben wird. Oberhalb der Fließtemperatur haben wir also eine Flüssigkeit im üblichen Sinne vor uns, bei der die mechanische Festigkeit null ist. Es können also auch keine Spannungen im Material vorhanden sein. Diese Fließtemperatur kann auch als Schmelztemperatur bezeichnet werden, denn man spricht ja auch von geschmolzenem Glas und der Vorgang ist hier derselbe. Eindeutiger ist jedoch „Fließtemperatur".

Gelegentlich wird aber auch ein anderer Vorgang mit „Schmelzen" bezeichnet, nämlich der Übergang vom kristallinen in den amorphen, ungeordneten Zustand. Im allgemeinen sind die Kunststoffe nicht kristallin sondern amorph aufgebaut. In kleinen Bereichen ordnen sich die kettenförmigen Moleküle aber manchmal so an, daß die Atome verschiedener Moleküle eine regelmäßige Anordnung zueinander haben, so daß man von einer Gitterstruktur sprechen kann. Derartige kristalline Bereiche entstehen vorzugsweise, wenn das Material gereckt wird, so daß die Kettenmoleküle aneinander vorbeigleiten und dann in regelmäßigen Abständen ineinander festhaken. Einige Kunststoffe bilden aber auch schon ohne Verformung kleine Kristallbereiche innerhalb der amorphen Grundmasse. Das Ausmaß der Kristallbildung ist z. B. durch Röntgenaufnahmen feststellbar oder durch die Messung des spezifischen Gewichtes. Die Neigung zur Kristallbildung ist für die einzelnen Thermoplaste sehr unterschiedlich. Durch die Kristallisation wird die Härte und die Festigkeit erhöht. Dies kann soweit führen, daß ein eigentlich weicher Kunststoff hart erscheint. Polyäthylen hat seine mechanische Festigkeit bei Raumtemperatur lediglich durch die Kristallbildung erworben, denn die Einfriertemperatur liegt bei — 70°, sodaß das Material im amorphen Zustand bei Raumtemperatur wahrscheinlich gummielastische Eigenschaften haben würde. Die kristallinen Bereiche befinden sich im energiearmen Zustand. Durch Zufügen von Wärme kann die Wärmebewegung so groß werden, daß die Fadenmoleküle nicht nur um ihre Ruhelage Schwingungen ausführen, sondern von dem Kristallzustand in den amorphen Zustand übergehen. Diese Umwandlung wird gelegentlich auch Schmelzen genannt, die Temperatur „Schmelztemperatur". Oberhalb dieser Schmelztemperatur, die besser als Kristallisations- bzw. Entkristallisationstemperatur bezeichnet würde, braucht die mechanische Festigkeit also noch nicht unendlich klein zu sein. Die Festigkeit ist zwar geringer geworden, es können aber noch Kräfte aufgenommen werden, da das Material noch nicht den flüssigen Zustand erreicht hat. Oft liegen die Entkristallisationstemperatur und die Fließtemperatur dicht beieinander.

Die Einfrier- oder Erweichungstemperatur (ET) ist eine weitere Umwandlungstemperatur von großer praktischer Bedeutung. Bei dieser Temperatur geht der thermoplastische Kunststoff vom festen in den weichen gummielastischen Zustand über. Die molekülstrukturelle Deutung dieses Überganges hat in den vergangenen Jahren verschiedene Wandlungen durchgemacht. Sie ist auch heute noch nicht restlos geklärt. Zunächst wurde sie als Übergang zwischen den Pendelbewegungen um eine Ruhelage zu einer freien Rotation der Fadenmoleküle gedeutet. Diese Temperatur bezeichnet man heute aber eindeutig als Fließtemperatur (FT, voriger Abschnitt). Dagegen nimmt man an, daß die Einfriertemperatur (ET) den Übergang der inneren Beweglichkeit der Fadenmoleküle in eine starre Form anzeigt. Man kann annehmen, daß die Gelenke innerhalb des Fadenmoleküls oberhalb der ET frei beweglich sind, während sie unterhalb der ET eingefroren, also blockiert sind.

Man kann es auch anders ausdrücken und sagen, daß jede Bewegung der Moleküle unterhalb der ET eingefroren ist. Die Temperatur ist so niedrig, daß nicht nur die Makro- sondern auch die Mikro-BROWNsche Bewegung verhindert ist. Oberhalb der ET ist die Mikro-BROWNsche Bewegung völlig frei. Kleine Bereiche der Fadenmoleküle können sich frei bewegen. Das Molekül als Ganzes bleibt jedoch an seinen Platz gebunden. Erst oberhalb der Fließtemperatur ist auch die Makro-BROWNsche

Bewegung möglich. Die Moleküle können sich als Ganzes frei bewegen, sie können ihren Platz verlassen, wir haben eine Flüssigkeit vor uns. Im Gebiet zwischen der ET und der FT zeigt der Körper gummielastisches Verhalten.

Nach JENCKEL [3] ist die ET folgendermaßen zu erklären: „Molekular gesehen nähern sich die Moleküle bei der Abkühlung nicht nur einander — dieser Vorgang friert nicht ein — sondern sie verschieben sich auch gegeneinander in eine möglichst bequeme Lage. Die Geschwindigkeit dieses letzten Vorganges nimmt stark mit der Temperatur ab und bedingt also den Wert der ET. Die Geschwindigkeit wird groß sein, wenn — bei gleicher Temperatur — die Kettenmoleküle sehr beweglich sind, und klein, wenn sie unbeweglich sind. Im ersten Fall liegt die ET tief, im letzten hoch".

Auch bei der ET handelt es sich eigentlich um einen Temperaturbereich, der Übergang erfolgt allmählich. Dies ist sehr deutlich an den Volumen-Temperatur-Kurven zu erkennen (Abb. 4). Alle Gläser haben eine kennzeichnende Volumen-Temperatur-Kurve, die aus zwei geradlinigen Stücken und einem bogenförmigen Verbindungsteil besteht. Den Schnittpunkt der beiden geradlinigen Stücke bezeichnet

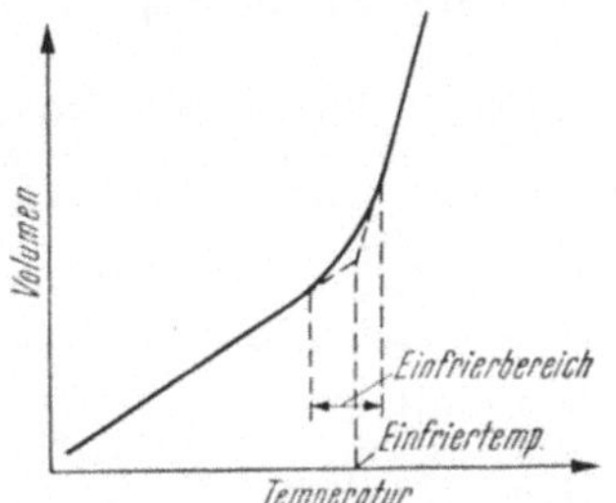

Abb. 4. Die Volumen-Temperaturkurve eines hochmolekularen Stoffes zeigt im Bereich der Einfriertemperatur einen Knick. Den Schnittpunkt der beiden geradlinigen Äste bezeichnet man als Einfriertemperatur.

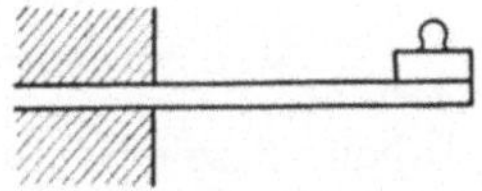

Abb. 5. Einfaches Verfahren zur Bestimmung der Einfriertemperatur. Die ET ist erreicht, wenn die Durchbiegung ein bestimmtes Maß erreicht hat.

man als ET. Der steilere Ast gibt die richtige Abhängigkeit von Volumen und Temperatur an. Unterhalb der ET friert das Volumen bei einem zu großen Wert ein.

Wenn nur die ungefähre Lage der ET bestimmt werden soll, genügt eine sehr einfache Methode. Ein einseitig waagerecht eingespanntes Stäbchen des betr. Kunststoffes wird am Ende mit einem Ge-

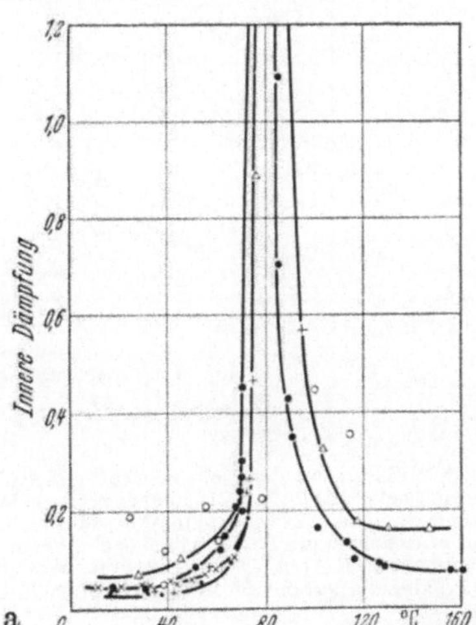

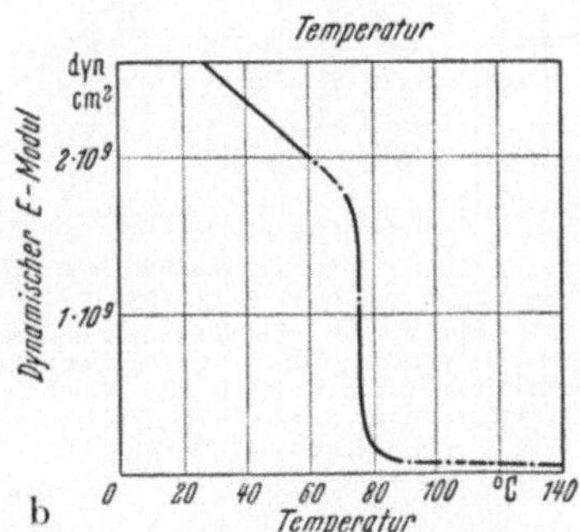

Abb. 6a u. b. Gemessen wird die Dämpfung und die Frequenz an freien Torsionsschwingungen. Im Bereich der ET erreicht die Dämpfung ein Maximum (Abb. 6a). Der E-Modul sinkt sprunghaft auf einen kleinen Wert (Abb. 6b) (nach JENCKEL).

wicht belastet und die Durchbiegung bei gleichmäßiger Temperatursteigerung gemessen (Abb. 5). Als Erweichungspunkt wird die Temperatur angegeben, bei der die Durchbiegung ein bestimmtes Maß erreicht hat bzw. bei der das Gewicht herabfällt. Physikalisch eindeutig wird die ET durch Aufnahme der Volumen-

Temperatur-Kurven bestimmt oder noch besser durch Schwingungsversuche und Messung der inneren Dämpfung. In der Nähe der ET erreicht die Dämpfung ein hohes Maximum, wohingegen der E-Modul sprunghaft auf kleinere Werte absinkt (Abb. 6a u. b). Die nach den verschiedenen Verfahren ermittelten Erweichungspunkte liegen bei etwas unterschiedlichen Temperaturen. Dies ist auch nicht anders zu erwarten, da es sich ja um einen Einfrierbereich handelt.

Die Höhe der Einfriertemperatur ist von verschiedenen Umständen abhängig. Sie liegt um so höher, je größer die innere Formbeständigkeit des einzelnen Fadens ist. Die innere Steifigkeit kann durch Einführung von polaren Molekül-Gruppen erhöht werden, oder auch durch stark raumerfüllende starre Gruppen in die Kette oder direkt an die Kette [4]. Das elektrische Richtmoment der Moleküle wird als Dipolmoment bezeichnet.

Tabelle 6 zeigt den Einfluß der polaren Gruppen, Tabelle 7 den Einfluß der Raumerfüllung. Durch beide Einflüsse wird die Deformierbarkeit des Fadens ver-

Tabelle 6. *Dipolmoment und Erweichungspunkt verschiedener Kunststoffe.*

Angelagerte Gruppen (Kunststoff)	Dipolmoment	Erweichungspunkt
$x = - H$	0	$\sim - 70°$
$x = - OCH_3$	$\sim 1{,}2$	$\sim - 20°$
$x = - COOCH_3$	$\sim 1{,}8$	$\sim + 5°$
$x = - Cl$	$\sim 2{,}0$	$\sim + 70°$
$x = - CN$	$\sim 3{,}3$	$\sim + 150°$

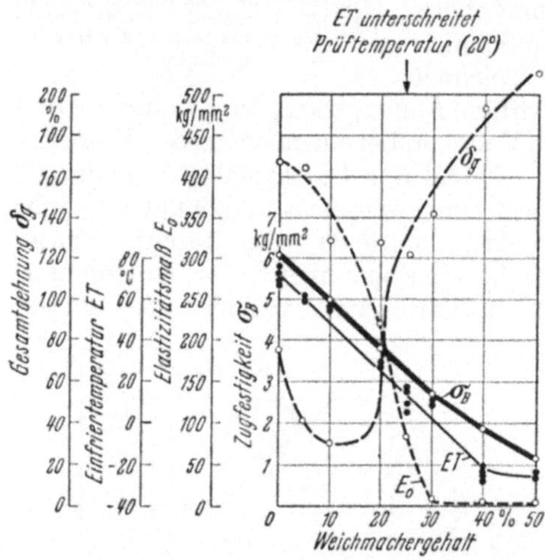

Abb. 7. Einfluß des Weichmachergehaltes auf Einfriertemperatur, Zugfestigkeit, Dehnung und Elastizitätsmaß von Weich-Igelit. Weichmacher: Trikresylphosphat (3 min-Werte, Prüftemperatur 20°) (nach BUCHMANN).

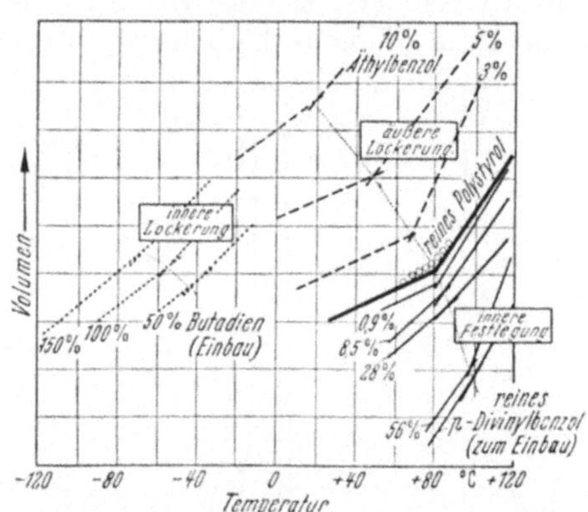

Abb. 8. Einbau von beweglichen Gliedern in die Kette (innere Lockerung) oder Einlagerung eines Weichmachers zwischen die Kettenmoleküle (äußere Lockerung) erniedrigen die ET. Die chemische Verbindung benachbarter Ketten durch Divinylbenzol (innere Festlegung) erhöht die ET (nach HOUWINK).

schlechtert, da sich die Beweglichkeit des Fadens nur dann direkt auswirken kann, wenn die Fäden aneinander vorbeigleiten können, was wiederum durch die große Raumerfüllung, z. B. durch den Benzolkern, behindert wird. Über den Einfluß dieses Effektes auf die Höhe des Erweichungspunktes gibt die Tabelle 7 Aufschluß.

Andererseits kann man die Höhe der ET durch Zufügen eines Weichmachers wesentlich erniedrigen. Die Abhängigkeit der ET beim PVC vom Weichmachergehalt Trikresylphosphat zeigt Abb. 7. Ferner läßt sie sich selbstverständlich durch Mischpolymerisate aus 2 verschiedenen Grundstoffen verändern. Es ist hierbei nicht unbedingt gesagt, daß sich die verschiedenen Einflüsse einfach additiv auswirken. Abb. 8 zeigt, wie die ET, die beim reinen Polystyrol bei 80° liegt, weitgehend verändert werden kann.

6. Ersatzschaubild des thermoplastischen Zustandes am Beispiel PVC hart. Da der in Abschnitt 5 (S. 9) beschriebene thermoplastische Zustand nicht ganz einfach zu verstehen ist, andererseits aber die Kenntnis des thermoplastischen Verhaltens für eine werkstoffgerechte Verarbeitung der Kunststoffe unbedingt notwendig ist, soll diese Eigenschaft an Hand eines Ersatzschaubildes erklärt werden. Dies Ersatzschaubild ist auch für den Nichtkunststofffachmann leicht verständlich und ermöglicht, das gegenüber den Metallen ganz andersartige Verhalten zu beschreiben. Das in Abb. 9 gezeigte Federmodell gilt streng für den in Deutschland weitaus am häufigsten thermoplastisch verarbeiteten Kunststoff PVC hart. Für andere Thermoplaste sind kleine Abweichungen vorhanden, das Prinzip ist aber allgemein gültig.

Tabelle 7. *Raumerfüllung und Erweichungspunkt.*

Raumerfüllung	Erweichungspunkt
$x = -\,$H	$\sim -\ 70°$
$x = -\,$ (Benzolring)	$\sim +\ 92°$
$x = -\,$N (Naphthalinring)	$\sim +\ 150°$

A u. B sind zwei Punkte eines Körpers, deren Bewegung gegeneinander infolge äußerer Krafteinwirkung betrachtet werden soll. Die beiden parallel geschalteten Federn haben eine sehr unterschiedliche Federkonstante. Die Feder f_1 besteht aus wenigen dicken Windungen, die Feder f_2 aus vielen dünnen Windungen. Die Punkte A und B des Körpers sind durch die beiden Federn f_1 und f_2 über die Kolben k_1 und k_2 verbunden. Sie können sich durch Zug- oder Druckkräfte nur so bewegen, daß CD und EF einander parallel bleiben.

Die Bewegung des Kolbens in dem Zylinder b_1 ist durch eine homogene Bitumenmasse, deren Schmelzpunkt bei der ET (Einfrier- oder Erweichungstemperatur) des Kunststoffes liegt, behindert. Bei Temperaturen oberhalb der ET kann sich der Kolben also frei bewegen, unterhalb der ET kann er nur bei einer Kraftaufwendung, die der Festigkeit der Bitumenmasse entspricht, bewegt werden. Die Kraft muß dann so groß sein, daß die zähe Bitumenmasse plastisch verformt wird und durch die Bohrungen des Kolbens fließt. Dabei ist die Höhe der Kraft sehr von der Einwirkungsdauer abhängig: bei langzeitiger Krafteinwirkung genügen geringere Kräfte, um dieselbe Wirkung zu erzielen. (Ein mit Asphalt gefülltes offenes Faß kann man umstürzen, ohne daß sich der „feste" Inhalt bewegt; läßt man aber das umgekippte Faß liegen, so ist der „feste" Asphalt nach einigen Wochen herausgeflossen).

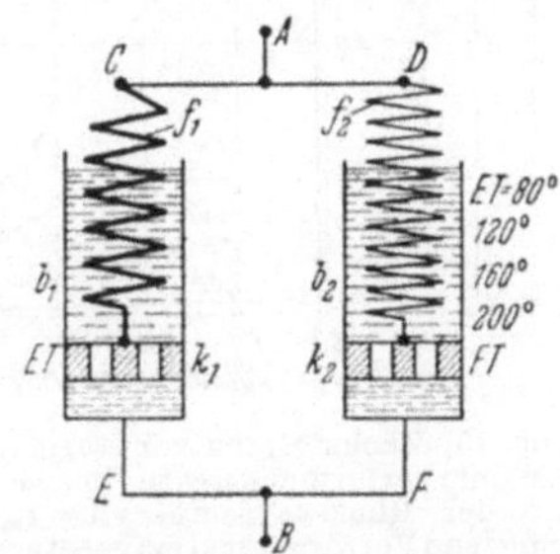

Abb. 9. Modell zur Erklärung der thermoplastischen Eigenschaften am Beispiel PVC hart. Die harte Feder f_1 ist in eine homogene Bitumenmasse b_1, die bei der ET des Kunststoffes schmilzt, eingegossen. Die parallelgeschaltete Feder f_2 ist in die nicht homogene Bitumenmasse b_2 eingegossen. b_2 schmilzt im oberen Bereich des Zylinders bei der ET = 80°. Mit wachsender Tiefe im Zylinder steigt die Schmelztemperatur der Bitumenmasse an. Im Bereich des Kolbens k_2 erreicht die Schmelztemperatur der Bitumenmasse die Schmelztemperatur des Kunststoffes.

Die Feder f_2 ist wesentlich schwächer als die Feder f_1, sie stellt über den Kolben k_2 eine Parallelverbindung zwischen den Punkten A und B her. Der Kolben und *ein Teil* der Feder sind ebenfalls in eine Bitumenmasse eingebettet. Diese Bitumenmasse ist jedoch nicht homogen. Der obere Teil der Zylinderfüllung schmilzt ebenfalls bei der Einfriertemperatur ET = 80°. Mit weiterer Entfernung von der Oberfläche steigt der Schmelzpunkt und erreicht in der Höhe des Kolbens k_2 die Fließtemperatur FT des Kunststoffes, etwa 220°. An diesem Modell läßt sich das Verhalten der Thermoplaste erklären.

Unterhalb der ET ist die *elastische* Verformung des Gesamtkörpers AB allein durch f_1 bestimmt, denn die Feder f_2 kann man gegenüber f_1 vernachlässigen. Wie bei allen festen Körpern erfolgt bei mäßiger Beanspruchung eine elastische Verlängerung. Sobald die Kraft aufhört zu wirken, nimmt B gegenüber A den alten Platz wieder ein. Bisher hat nur der freie Teil der Federn gewirkt, der in die Bitumenmasse eingebettete Teil ist als starrer Körper aufzufassen. Beansprucht man ein thermoplastisches Material bei Raumtemperatur z. B. mit so hoher Zugspannung, daß die Streckgrenze überschritten wird, so erfolgt eine *plastische* Verformung. Im Modell kommt das dadurch zum Ausdruck, daß sich die Feder f_1 und bei hoher Beanspruchung der Kolben k_1 trotz Bitumenbehinderung bewegt. Die Feder f_2 wird dabei elastisch gespannt. Nach Fortnahme der Kraft reicht aber die Federkraft f_2 nicht aus, um den schwer beweglichen Kolben k_1, der sich ja bewegt hatte, wieder zurückzuziehen. Wird das Material jetzt aber über die ET erwärmt, wobei die Bitumenmasse im Kolben k_1 flüssig wird, so zieht die Feder f_2 den Kolben genau in die ursprüngliche Stellung zurück, so daß die beiden Punkte A und B wieder auf ihren alten Platz zurückgekehrt sind.

Geben wir jetzt auf den Kunststoff zurück, so ergibt sich: der bei Raumtemperatur plastisch verformte Kunststoff nimmt bei Erwärmung über die ET seine alte Form wieder an. Die plastische Verformung war also nur eingefroren plastisch. Dieses Verhalten der Thermoplaste kennen wir bei anderen Werkstoffen nicht. Die Thermoplaste haben ein Rückerinnerungsvermögen, was man weder bei Metallen noch bei Gläsern findet. Wird das Material von vornherein oberhalb der ET verformt, so sind hierzu nur geringe Kräfte notwendig. Das Bauteil ist aber immer wieder bestrebt, in die Form zurückzugehen, die es vor der Formgebung hatte. Es ist hierbei zu berücksichtigen, daß schon während des Herstellungsprozesses Verformungen stattgefunden haben können, die sich später dann zusätzlich auswirken.

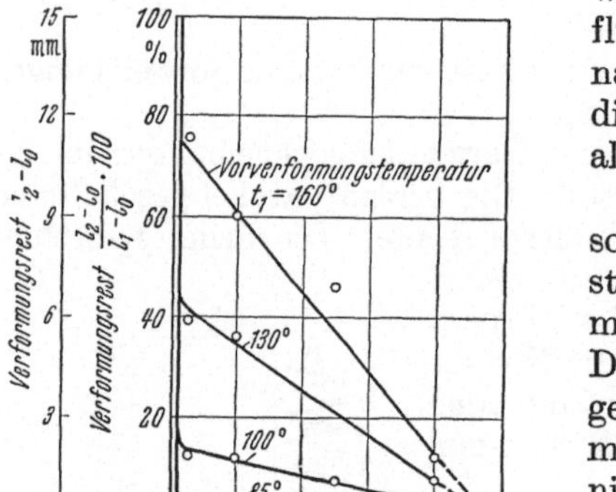

Abb. 10. Rückstellung von warmverformtem Vinidur:Verformungsreste in Abhängigkeit von der Rückstelltemperatur t_2, für verschiedene Verformungstemperaturen t_1 (Vinidur-Stäbe $l_0 = 20$ mm, bei t_1 verformt auf $l_1 = 35$ mm $= 75\%$, nach 60 min Einwirkung von t_2 Rückstellung auf l_2) (nach BUCHMANN).

Oberhalb der ET befindet sich der Werkstoff also nicht im plastischen, sondern im elastischen Zustand. Je höher die Verformungstemperatur gewählt wird, desto geringere Kräfte sind zur Verformung notwendig, weil die wirksame Länge der Feder f_2 sehr groß (die Federkraft also klein) ist, desto geringer sind aber auch die Rückstellkräfte. Wird z. B. eine Verformung bei 160° vorgenommen und dann unter ET abgekühlt, so ist bei einer Wiedererwärmung auf 100° nur ein geringer Rückstellweg möglich, weil ein großer Teil der Feder f_2 noch eingefroren ist. Erst bei einer Wiedererwärmung auf die ursprüngliche Verformungstemperatur ist ein Rückstellweg von 100% zu erwarten. Zahlenmäßige Versuche an PVC zeigt die Abb. 10. Die Versuche sind bis 160° durchgeführt. Verlängert man die Kurven über die Meßpunkte hinaus, so schneiden sie sich bei 175°. Diese Temperatur ist von BUCHMANN als Fließtemperatur des PVC definiert. Soweit dem Verfasser bekannt ist, sind die in der Abb. 10 gezeigten Versuchsergebnisse die einzige Grundlage für diese

Angabe, die man in der Literatur immer wieder findet. Eigene Versuche zeigten, daß die Fließtemperatur sicher höher liegt, als bei 175°. SCHMID [5] gibt als Fließtemperatur für PVC 220° an. Die Untersuchungen sind schwierig durchzuführen, weil PVC bereits bei etwa 170° beginnt, sich zu zersetzen. Praktisch kann die Fließtemperatur bei PVC deshalb nicht erreicht werden. Trotzdem ist es richtig, die Verformungstemperatur möglichst hoch zu wählen, wenn die verformten Teile geringes Rückstellbestreben haben sollen. Die im Strangpreß- oder Spritzgußverfahren hergestellten Gegenstände zeigen nur geringes Rückstellbestreben. Das ist aber wohl weniger auf die Verformung oberhalb der Fließtemperatur zurückzuführen als darauf, daß das Rohmaterial bei dieser Verarbeitung in sich zerrissen wird und dann in der neuen Form verschweißt.

II. Die wichtigsten thermoplastischen Kunststoffe.

A. Harte Thermoplaste.

1. Zellulosederivate. Die ältesten thermoplastischen Kunststoffe sind diejenigen auf der Basis von Zellulose. Diese abgewandelten Naturstoffe werden seit etwa 60 Jahren hergestellt. Die Zellulose besteht aus Kettenmolekülen, die sich gelegentlich in kleinen Bereichen zu kristallinischen Mizellen zusammenlagern. Da außerdem starke Dipole vorhanden sind, ist das Material steif und nur sehr beschränkt plastisch verformbar. Deshalb wird die Zellulose zunächst chemisch durch Veresterung oder Verätherung umgesetzt. Die Zelluloseabkömmlinge werden nach dem Schema Tabelle 8 hergestellt.

Tabelle 8. *Herstellungsschema der Zelluloseabkömmlinge (R = Zelluloserest)* (nach HOUWINK).

	Beispiele	
Ester Zellulose + starke Säure	$CH_3 - C - O - R$ (mit $=O$) Zelluloseazetat	$NO_3 - R$ Zelluloseazetat
Äther Alkalizellulose + Ester von anorganischen Säuren	$CH_3 - O - R$ Methyläther $HOCH_2CH_2{-}O{-}R$ Oxyäthyläther	$C_2H_5 - O - R$ Äthyläther $C_6H_5CH_2{-}O{-}R$ Benzyläther
Xanthogenat Alkalizellulose + NaOH+CS_2	$S = C{-}O{-}R$ 	 SNa Viskose	werden nachher im Koagulierbad in regenerierte Zellulose zurückverwandelt
Kupferammoniumseide Zellulose + $[Cu(NH_3)_4](OH)_2$ + Alkali	$[Cu(NH_3)_4](OH)_2R$ Kupferseidelösung (nebenvalenzartige Bindung)	

Die Nitrozellulose (Handelsname Zelluloid) ist wegen der starken Nebenvalenzen nicht plastisch verarbeitbar. Sie kann aber gelöst und zu Folien vergossen werden, sodaß nach dem Verdunsten des Lösungsmittels dünne Filme entstehen. Das Material kann auch durch Lösungsmitteldämpfe aufgequollen und in diesem erweichten Zustande verarbeitet werden. Zelluloid ist eine Mischung von Nitrozellulose und dem Weichmacher Kampfer.

Abweichend vom Nitrieren wird die Veresterung der Zellulose mit organischen Säuren durchgeführt. Zelluloid und Azetylzelluloid sind etwa gleichwertig. Die Eigenschaften von Zelluloid sind durchschnittlich etwas besser, insbesondere die Unabhängigkeit der Abmaße von der Einwirkung von Feuchtigkeit. Der Vorteil von Azetylzelluloid liegt in der verminderten Brennbarkeit. Die reine Nitrozellulose dient heute praktisch nur noch als Trägerfolie für photographische Schichten. Trotz der starken Brennbarkeit hat sie sich hier als Gießfolie behauptet wegen ihrer überlegenen Zähigkeit und der dadurch bedingten langen Lebensdauer des perforierten Films und wegen der ausgezeichneten Maßbeständigkeit bei Feuchtigkeits-

Tabelle 9. *Aufbau und Eigenschaften der verschiedenen thermoplastischen Massen auf Basis organischer Zelluloseester.*

Bezeichnung	Aufbau	Besondere Eigenschaften
Cellidor A | Ecaron \} Trolit W /	2½-Zelluloseazetat	Hohe Festigkeit, Benzin- und Benzolfestigkeit, Beständigkeit gegen Mineralöl, gute Griffigkeit und hornähnlicher Charakter, guter Oberflächenglanz
Cellidor S	Höher verestertes Zelluloseazetat	Gesteigerte Festigkeit, Oberflächenhärte und Wärmebeständigkeit
Cellidor U	Höher verestertes Zelluloseazetat	Unbrennbarkeit
Cellidor B	Zelluloseazetobutyrat	Höchste Festigkeit, Wetter- und Maßbeständigkeit und Oberflächenglanz

Tabelle 10. *Physikalische Daten [1] der verschiedenen Zelluloseester-Spritzgußmassen.*

Typenbezeichnung	Cellidor A Einstellung:			Cellidor B	Cellidor S
	weich	mittel	hart		
Spez. Gewicht [g/cm³]	1,32	1,33	1,34	1,20	1,29
Biegefestigkeit [kg/cm²]	850	1150	1300	560	900
Schlagbiegefestigkeit (Warmstab) [cmkg/cm²]	40	30	12	120	80
Druckfestigkeit [kg/cm²]	840	1370	1500	610	1100
Kerbzähigkeit (VDE 0320) [cmkg/cm²]	12	11	10	5	6
Zerreißfestigkeit [kg/cm²]	350	800	940	430	740
Elastizitätsmodul [kg/cm²]	15000	19000	22000	17000	21000
Kugeldruckhärte (VDE 0320) [kg/cm²]	750	1000	1100	600	900
Wärmefestigkeit nach MARTENS [°C]	50	55	63	64	72
Wärmefestigkeit nach VIKAT [°C]	87	105	110	116	135
Wärmeleitfähigkeit [kcal/mh °C · 10²]	22	21	20	17	17
Wärmeleitfähigkeit [cal/cms °C · 10⁵]	61	58	56	47	47
Lin. Ausdehnungskoeffizient $\alpha \cdot 10^6$	92	86	76	104	97
Glutfestigkeit (VDE 0305) Gütegrad	1	1	1	1	1
Brennbarkeit	gering	gering	gering	gering	gering
Innerer Widerstand Vergleichszahl $13 = 10^{13}\ \Omega$	13	13	13	13	13
Innerer Widerstand 4 Tg. in 80% rel. F.	12	12	12	13	12
Oberflächenwiderstand Vergleichszahl $13 = 10^{13}\ \Omega$	13	13	13	13	13
Oberflächenwiderst. 24 h im Wasser	9	9	9	13	11
Dielektr. Konstante 800 Hz	5,5	5,4	5,3	3,5	4,3
Dielektr. Konstante 1 Million Hz	4,7	4,8	4,8	3,5	4,2
Verlustwinkel $tg\ \delta \cdot 10^4$ [800 Hz]	210	230	220	100	200
Verlustwinkel $tg\ \delta \cdot 10^4$ [10^6 Hz]	820	710	650	170	370
Durchschlagsfestigkeit [kV/mm]	17	17	18	21	19
Kriechstromfestigkeit	fest	fest	fest	fest	fest
Wasseraufnahme nach 7 Tagen bei 20° C [mg/100 cm²]	740	1000	1100	300	720
Wasseraufnahme nach 7 Tagen bei 80° C [mg/100 cm²]	900	1100	1400	600	1100

---

[1] Erläuterung der Eigenschaften Abschn. VI B u. C (S. 57): „Mechanische und elektrische Prüfungen."

einflüssen. Der Nitrozellulosefilm wird durch den Azetatfilm ersetzt, wenn es aus Sicherheitsgründen unbedingt notwendig ist.

Für andere als photographische Zwecke wird die Nitrozellulose praktisch nicht mehr verwendet. Hierfür gibt es andere Zellulosemassen (Tabelle 9) mit günstigen mechanischen Eigenschaften. Das Material wird hauptsächlich nach dem Spritzgußverfahren verarbeitet. Die älteste und heute noch in großer Menge verarbeitete Spritzgußmasse ist die Azetylzellulose (Handelsnamen Trolit W, Ecaron, Cellit,

Tabelle 11. *Chemische Beständigkeit der verschiedenen Typen „Cellidor".*

| | Cellidor A | | | Cellidor B | Cellidor S |
	weich	mittel	hart		
Wasser	best.	best.	best.	best.	best.
Alkohole	Qu.	Qu.	Qu.	Qu.	Qu.
	etw. l.	etw. l.	etw. l.	etw. l.	etw. l.
Äthylazetat	Qu. l.	Qu. l.	Qu. l.	l.	l.
Methylenchlorid	Qu.	Qu.	Qu.	l.	l.
	leicht l.	leicht l.	leicht l.	—	—
Azeton	l.	l.	l.	l.	l.
Tetrachlorkohlenstoff	best.	best.	best.	best.	best.
Trichloräthylen	best.	best.	best.	l.	Qu.
Benzol	best.	best.	best.	l.	leichte Qu.
Benzin	best.	best.	best.	best.	best.
Treibstoffgemisch	Qu.	Qu.	Qu.	Qu.	leichte Qu.
	etw. l.	etw. l.	etw. l.	etw. l.	—
Mineralöl (Paraffin)	best.	best.	best.	best.	best.
Leinöl	best.	best.	best.	best.	best.
Terpentinöl	best.	best.	best.	best.	best.
Äther	best.	best.	best.	Qu.	best.
Schwefelsäure, konz.	Aufl.	Aufl.	Aufl.	Aufl.	Aufl.
Schwefelsäure, verd. (1 : 10) . . .	best.	best.	best.	best.	best.
Salzsäure, konz.	Aufl.	Aufl.	Aufl.	Aufl.	Aufl.
Salzsäure, verdünnt (1 : 10) . . .	best.	best.	best.	best.	best.
Salpetersäure, konz.	Zers.	Zers.	Zers.	Zers.	Zers.
	Lös.	Lös.	Lös.	Lös.	Lös.
Salpetersäure, verd. (1 : 10) . . .	Zers.	Zers.	Zers.	Zers.	Zers.
	Verfärb.	Verfärb.	Verfärb.	Verfärb.	Verfärb.
Lauge, konz.	unbest.	unbest.	unbest.	unbest.	unbest.
Lauge, verdünnt (1 : 10)	unbest.	unbest.	unbest,	best.	unbest.

best. = beständig, unbest. = unbeständig, l. = löslich, Qu. = Quellung, Zers. = Zersetzung, Lös. = Lösung, Aufl. = Auflösung

Cellidor A). Gegenüber Zelluloid ist dieses Material schwer entflammbar. Die mechanischen Eigenschaften sind gut. Einzelwerte sind aus der Tabelle 10 zu ersehen. Das Material ist benzin- und benzolfest und zeichnet sich durch hohen Oberflächenglanz aus. Ein Material mit geringem Weichmachergehalt und dadurch bedingter höherer Festigkeit wird unter der Marke Cellidor B in den Handel gebracht. Die Dauerwärmebeständigkeit dieses Materials ist besonders hoch, die Schlagbiegefestigkeit beträgt 120 cmkg/cm². Cellidor S ist besonders wärmebeständig. Cellidor U ist unbrennbar. Aufbau und Eigenschaften sind aus den Tabellen 9 und 10 zu ersehen. Tabelle 11 zeigt die chemische Beständigkeit der verschiedenen Massen.

Die Zellulosemassen können auch nach dem Strangpreßverfahren zu Rohren und Profilen verarbeitet werden. Das Anwendungsgebiet ist aber verhältnismäßig klein.

Die größte wirtschaftliche Bedeutung haben die Zellulosemassen auf dem Gebiet der Folienherstellung (Handelsnamen Zellglas, Cellophan, Heliozell, Curophan,

Transparit). Die Folien werden nach dem Gießverfahren aus Hydratzellulose hergestellt. Die Folienstärke des Zellglases beträgt handelsüblich 20—25 μ (30 g/m²). Zur besseren Frischhaltung der verpackten Waren wird die Folie lackiert, die Lackschicht beträgt etwa 2 μ. Hierdurch wird die Feuchtigkeits-Durchlässigkeit auf ein Minimum herabgesetzt. Stärkere Folien bis auf etwa 200 μ werden aus Azetat vergossen.

Anwendung der Zellulosemassen: Trägerfolien für Photomaterial, Verpackungsfolien, Möbelbeschläge, Werkzeuggriffe, Telephonkästen, Brillenfassungen, Autolenkradumkleidungen, Spielzeug und Haushaltsgegenstände.

2. Polyäthylen ist einer der jüngsten Kunststoffe, deren Produktion 1938 in England, 1943 in USA und nach dem Kriege auch in Deutschland aufgenommen wurde. Der chemische Aufbau ist denkbar einfach. Es hat jedoch sehr lange gedauert, bis es gelang, die Polymerisation dieses Thermoplastes technisch durchzuführen. Die chemische Formel lautet für

das Monomere $\qquad\qquad\qquad\qquad$ das Polymere

$$CH_2 = CH_2$$

Die Nachfrage nach Polyäthylen kann durch die augenblickliche Produktion keineswegs gedeckt werden. Die Kapazität der Erzeugung ist aber in starker Aufwärtsentwicklung begriffen, und es ist durchaus möglich, daß Polyäthylen bald an die 1. Stelle der Kunststoffwelterzeugung rückt. Eine thermoplastische Verarbeitung wie beim PVC ist nicht möglich, da die Einfriertemperatur unter der Gebrauchstemperatur liegt. Die Eigenschaften, durch die die Nachfrage nach diesem Kunststoff begründet ist, sind in erster Linie die hervorragenden elektrischen Werte für die Verwendung als Isolierstoff in der Hochfrequenztechnik, die gute Zähigkeit und die geringe Feuchtigkeitsaufnahme und -durchlässigkeit für das Gebiet der Verpackungstechnik.

Tabelle 12. Eigenschaften von Polyäthylen.

Spez. Gewicht bei 20° C	0,92
Erweichungspunkt	112—115° C
Dauerwärmefestigkeit	max. 100° C
Kältefestigkeit	besser als —50° C
spez. Wärme bei 25° C	0,55 kcal/kg °C
Zerreißfestigkeit	110—150 kg/cm²
Zerreißdehnung	350—500%
Härte nach Brinell 10/60″	113/106
Härte nach DVM	7
Dielektr. Konstante (bei 10^9 Hz)	2,2
Dielektr.-Verlustfaktor (bei 10^9 Hz)	3—6×10^{-4}
Durchschlagsfestigkeit, gemessen an 0,5 mm Platte	30 kV
Wasseraufnahme	$< 0,01\%$
Wasserdampfdurchlässigkeit	$2,2 \times 10^{-9}$ g/h cm Torr

Die Daten des Kunststoffes sind aus der Tabelle 12 zu ersehen. Oben ist die theoretische Formel angegeben. Tatsächlich ist das Material nicht aus rein linearen Molekülen aufgebaut, es neigt vielmehr zur Bildung von Seitengruppen. Bei den technischen Produkten fällt nach SCHWARZ [13] auf etwa 15—25 Ketten–C-Atome eine seitenständige Methylgruppe. Die Bildung der Methylseitengruppen erklärt sich durch folgendes Schema der Polymerisation:

$$CH_2 = CH_2 + CH_2 + CH_2 = CH_2 \rightarrow -CH_2-CH-CH_2-CH_2-CH_2$$

Während wir üblicherweise bei den Thermoplasten Fadenmoleküle mit Wattebauschstruktur vorliegen haben, neigt Polyäthylen stark zur Kristallisation. Abb. 11 zeigt schematisch, wie die kristallinen Bereiche durch eine amorphe Zwischenlage miteinander verbunden sind. Die Einfriertemperatur liegt bei etwa —70° C. Wenn Polyäthylen bei Raumtemperatur in amorpher Form vorliegen würde, so würde das Material flüssig bzw. weich sein. Der feste Zustand ist durch die Kri-

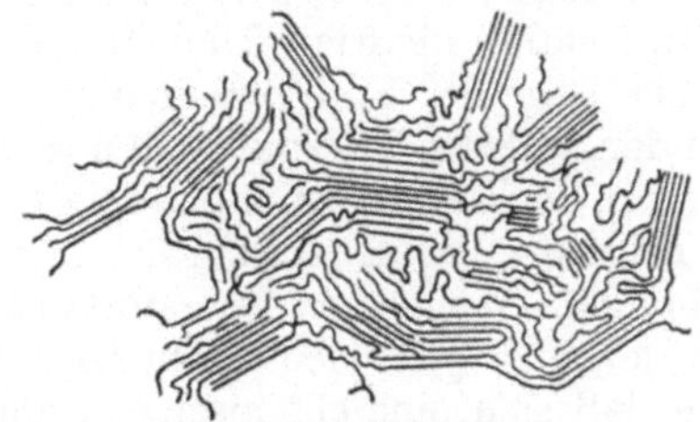

Abb. 11. Schematische Darstellung der kristallinen und amorphen Struktur von Polyäthylen (nach SCHWARZ).

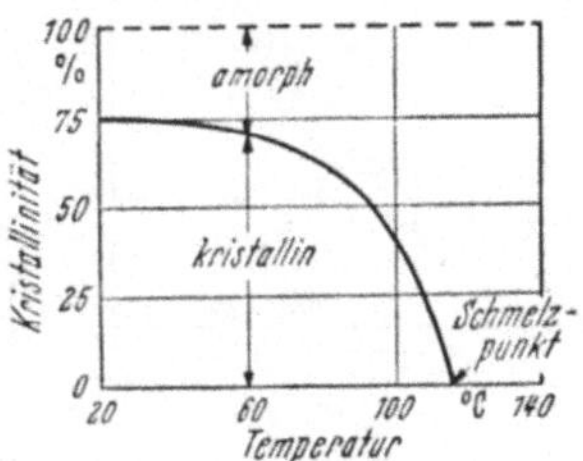

Abb. 12. Kritalliner Anteil von Polyäthylen in Abhängigkeit von der Temperatur.

stallisation begründet. Bei Raumtemperatur besteht das technische Material bis zu 75% aus kristallinen Anteilen. Der Anteil der kristallin aufgebauten Grundmasse sinkt mit wachsender Temperatur, wie dies Abb. 12 zeigt. Im kristallinen Zustand befindet sich das Material in dichtester Packung, so daß das spezifische Gewicht mit wachsender Temperatur abfällt. Bei vollständiger Kristallisation würde das spezifische Gewicht 1,08 betragen. Dieser Zustand wird aber

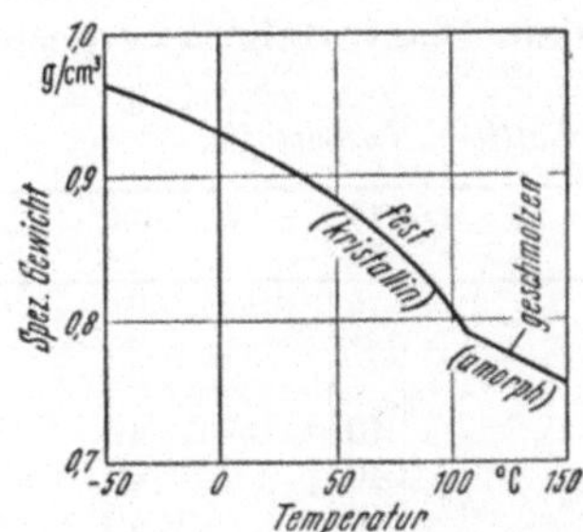

Abb. 13. Spezifisches Gewicht von Polyäthylen in Abhängigkeit von der Temperatur (nach SCHWARZ).

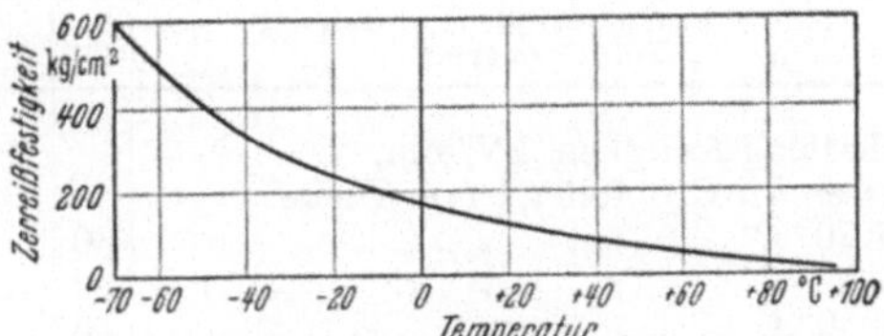

Abb. 14. Abhängigkeit der Zerreißfestigkeit von der Temperatur bei Polyäthylen.

praktisch nicht erreicht. Abb. 13 zeigt die Abhängigkeit des spez. Gewichtes von der Temperatur im Gleichgewichtszustand zwischen kristallinem und amorphem Anteil. Der Gleichgewichtszustand wird nur bei sehr langsamer Abkühlung erreicht. Plötzliches Abkühlen erhöht den amorphen Anteil. Hiervon wird praktisch bei der Herstellung von Folien (Lupolen H) Gebrauch gemacht. Das Material ist in amorphem Zustand geschmeidiger und kältefester. Darüber hinaus ist die Transparenz besser. Außer dem Abschrecken kann man den amorphen Anteil durch Beimischung von Zusätzen, z. B. Polyisobuthylen heraufsetzen. Die Stabilität der Erhöhung der amorphen Anteile durch Abschrecken ist noch nicht genügend untersucht. Nach SCHWARZ neigt das unterkühlte Material zur allmählichen Kristallisation. Wegen der hierbei erfolgenden starken Volumenverminderung können evtl. Schrumpfrisse auftreten. Um ein stabiles Material zu erhalten, empfiehlt es sich deshalb im allgemeinen, Polyäthylen langsam abzukühlen, damit sich ein Gleichgewichtszustand einstellen kann. Bei der Herstellung von Formteilen im Spritzgußverfahren läßt sich bei wirtschaftlicher Fertigung eine Unterkühlung nicht vermeiden, eine nachträgliche Temperung der Spritzgußteile ist deshalb zweckmäßig. Zur Abkühlung und Temperung kann ohne Bedenken ein Wasserbad verwendet werden, da Polyäthylen gegen Wasser unempfindlich ist.

Die mechanische Festigkeit von Polyäthylen ist wie bei allen Fadenmolekülen von der Kettenlänge abhängig. Die technischen Produkte liegen bei Molekulargewichten zwischen 10000 und 40000. Schmelzpunkt und Festigkeit steigen mit dem Molekulargewicht an. Gegenüber PVC liegt die Festigkeit bei Raumtemperatur verhältnismäßig niedrig. Dies ist durch die unterschiedliche Lage der Einfriertemperatur erklärlich. Wie bei den anderen Thermoplasten ist die Zerreißfestigkeit von der Temperatur abhängig (Abb. 14). Polyäthylen neigt wie Paraffin dazu, sich mit Sauerstoff zu verbinden. Wenn der Sauerstoffzutritt verhindert wird, kann Polyäthylen bis zu 290° erwärmt werden, ohne daß sich eine chemische Veränderung des Moleküls ergibt. Bei Anwesenheit von Sauerstoff tritt bereits ab 120° eine Oxydation ein, wodurch eine Vernetzung erfolgt. Hierdurch werden sowohl die elektrischen als auch die mechanischen Eigenschaften verschlechtert.

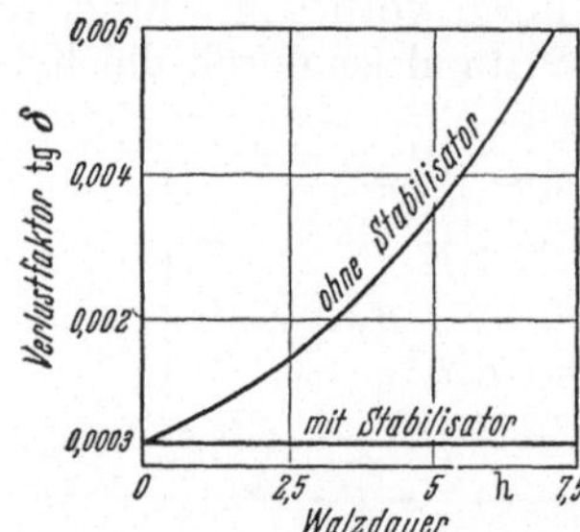

Abb. 15. Verlustfaktor von Polyäthylen in Abhängigkeit von der Walzdauer mit und ohne Stabilisator.

Polyäthylen ist in Deutschland unter der Markenbezeichnung Lupolen H oder Trolen in Form von Körnern zur Verarbeitung nach dem Spritzgußverfahren erhältlich. Es läßt sich nach den üblichen Verfahren zu Rohren, Profilen, Platten usw. verarbeiten. Folien werden vorzugsweise nach dem Blasverfahren hergestellt.

Tabelle 13. *Elektrische Eigenschaften polyäthylenhaltiger Kunststoffe.*

Gehalt an Polyäthylen, Gew.-% ,, ,, Polyisobutylen, ,,	25 75	50 50	75 25	100 —
Durchschlagsfestigkeit kV/mm, gemessen an Grobfolie, 1 mm Dicke				
bei 20° C	30	40	40	40
bei 40° C	30	40	40	40
bei 80° C	15	40	40	40
Feinfolie 0,05 mm, 20° C.	—	—	—	50—80
Spez. Widerstand Ω cm bei 20—80° C	—	$9 \cdot 10^{15}$	—	$9 \cdot 10^{15}$
Dielektrizitätskonstante ε bei 20—80° C und 50 bis 10^6 Hz	—	2,3	—	2,3
Dielektr. Verlustfaktor tg δ bei 20—80° C und 50 bis 10^6 Hz	—	2 bis $8 \cdot 10^{-4}$	—	2 bis $9 \cdot 10^{-4}$

Tabelle 14. *Mechanische Eigenschaften von Polyäthylen in Abhängigkeit vom Polyisobutylengehalt.*

	I Polyisobutylen	Gemische, Verhältnis I/II			II Polyäthylen
		75/25	50/50	25/75	
Weichheitszahl	123	34	27	12	7
Shorehärte	28	65	74	90	95
Spez. Gewicht	0,94	0,94	0,93	0,92	0,92
Zugfestigkeit kg/cm²	10	40	50	60	110
Zerreißdehnung %	1000	600	500	300	250
Einreißfestigkeit kg/cm	20	30	50	60	70
Zugfestigkeit kg/cm²					110—140*
Zerreißdehnung %					500—600*

* gemessen an Feinfolien von 0,03—0,1 mm Dicke.

Hierbei werden zunächst Schläuche nach dem Spritzgußverfahren angefertigt, die nachträglich aufgeblasen werden. Auf diese Art werden auch Flaschen hergestellt. Die Folien sind um so besser transparent, je höher der amorphe Anteil ist. Die elektrischen Eigenschaften werden durch Zugabe von Polyisobutylen (Oppanol B) nicht beeinträchtigt (Tabelle 13), die Verarbeitbarkeit aber verbessert. Je mehr Polyisobutylen zugesetzt wird, desto weicher und zäher wird das Material. Tabelle 14 zeigt die Abhängigkeit der mechanischen Werte vom Polyäthylengehalt. Bemerkenswert ist die außerordentlich gute Dehnfähigkeit der Feinfolien aus Polyäthylen.

Tabelle 15. *Wirkung der Alterung (11tägige Luftlagerung bei 90°C) auf Polyäthylen-Kunststoffe.*

Messung	Polyisobutylen		Mischung 50/50		Polyäthylen	
	direkt	gealtert	direkt	gealtert	direkt	gealtert
Shore-Härte	28	28	74	74	95	95
Zugfestigkeit kg/cm² . .	10	10	56	34	111	114
Zugdehnung %	1040	1180	520	380	245	115
Einreißfestigkeit kg/cm .	21	25	48	33	72	44
Kältebiegeschlagwert gut bei °C	—40	—40	—40	—30	—40	0
Bruch bei °C				—35		5

Das Verhalten von Polyäthylen in der Kälte wird durch Zugabe von Polyisobuthylen wesentlich verbessert. In der Wärme ändern sich die Eigenschaften nicht grundlegend. Langzeitige Erwärmung über 70° ist nicht zulässig, weil Polyäthylen bei dieser Temperatur zu Oxydation neigt. Hierbei tritt eine Versprödung ein. Tabelle 15 zeigt die Wirkung der Alterung nach 11 tägiger Luftlagerung bei 90° C. Abb. 15 zeigt die Abhängigkeit des tg δ von der Walzdauer mit und ohne Stabilisator. Licht fördert diesen Prozeß.

Hauptanwendungsgebiete. Isolationsmaterial in der Hochfrequenztechnik, Isolation von Seekabeln, Verpackungsfolien, Auskleidungen von Behältern, entweder in Form von Folien, die geschweißt werden oder nach dem Flammspritzverfahren. Wegen der hohen Zähigkeit ist das Material zur Herstellung von Flaschen sehr geeignet. Ferner als Drahtisoliermasse nach dem Spritzverfahren. Die Anwendung wird begrenzt durch die verhältnismäßig geringen Zerreißfestigkeiten und den hohen Ausdehnungsbeiwert. Die Verarbeitung auf dem Lösungsmittelwege ist kaum möglich, ebenfalls das Kleben nicht.

3. Polyvinylchlorid (PVC) ist der Kunststoff, der als Halbzeug die größte Bedeutung hat. Handelsnamen für dieses Erzeugnis sind Igelit PCU, Decelith, Genotherm, Luvitherm, Mipolam hart, Vinidur, Trovidur.

Die chemische Formel des reinen Materials ist für

das Monomere   das Polymere

$$CH_2 = CHCl$$

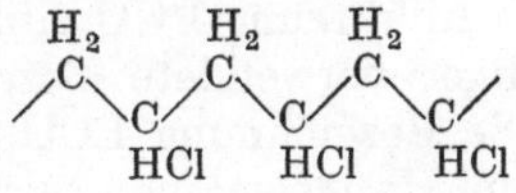

Die Handelsprodukte unterscheiden sich durch den Polymerisationsgrad und durch den Zusatz von Emulgator, Stabilisator und andere Bestandteile, die je nach der Verarbeitung ausgewählt werden. Das Rohmaterial wird häufig dem Verwendungszweck entsprechend bezeichnet. PVC Marke F bedeutet, daß das Produkt für die Folienherstellung geeignet ist, Marke R für die Rohrherstellung usw. Je höher der Polymerisationsgrad ist, desto höher liegen Festigkeit, Härte und Wärmebeständigkeit, desto schwieriger ist jedoch auch die Verarbeitung. Durch Nachchlorieren zu

Tabelle 16. *Eigenschaftswerte der thermoplastischen*

	Zellulose-azetat	Zellulose-nitrat (Zelluloid)	Poly-äthylen	Polyamide				
				Ny-lon	Per-lon	Igamid A	Igamid B	Igamid U
Wichte g/cm³	1,3—1,4	1,38	0,92	1,12	1,13	1,13	1,13	1,12
Zugfestigkeit kg/cm²	400—900	600—700	120—140	700	600	750	550	500
Biegefestigkeit kg/cm²	500—1200	600—700	120	900	400	900	300	1200
Dehnung δ_5 %	20	30—50	350—500					
Schlagzähigkeit cmkg/cm²	100—200	100—200		>150	>150	>150	>150	>150
Kerbschlagzähigkeit cmkg/cm²	10—20	20	>10	10	10	10	25	20
Druckfestigkeit kg/cm²	900—1500	600—2000	100	1000	900			
Härte kg/cm²	750—1100	600—1000	100	1000	500	1150	550	700
E-Modul kg/cm² · 10⁻⁴	1,5—2,0	1,5—2,0	1,2	1,5	0,8	1,5	0,9	1,3
Wärmeformbeständigkeit nach MARTENS °C	50—65	40—60	40	60	55	65	>20	45
Wärmeformbeständigkeit nach VICAT °C	55—70	70		200	200	230	170	170
Dauergebrauchstemperatur °C	65—100	60	70—100	150	140			
Glutfestigkeit	1	0	1	1	1	1	1	1
Wärmedehnzahl 1/°C · 10⁶	100	150	20	120	120	110	110	110
Brennbarkeit	brennt	heftig	brennt	brennt	brennt	brennt	brennt	brennt
Oberflächenwiderstand Ω	10^{11}	10^{11}	$<10^{14}$			10^{13}	10^{12}	10^{14}
Oberflächenwiderstand nach 24 h Wasserlagerung Ω	10^{10}	10^{10}	$<10^{14}$			10^{10}	10^{9}	10^{12}
Dielektrischer Verlustfaktor tg δ bei 800 Hz	0,04	0,04	0,0004			0,02—0,08	0,15	0,015
Dielektrischer Verlustfaktor tg δ bei 10⁶ Hz	0,05	0,05	0,0004	0,05	0,07	0,02—0,09	0,07—0,1	0,03 —0,11
Dielektrizitätskonstante bei 800 Hz	6—7	7—9	2,3			4—7	6—18	3,5
Dielektrizitätskonstante bei 10⁶ Hz	4—7	4—6	2,3			3,5—4	4—6	3,7
Innerer Widerstand Ω	$>10^{11}$	$>10^{10}$	$>10^{14}$	$>10^{12}$				
Innerer Widerstand n. 4 Tg. bei 80% rel. Feuchtigkeit Ω	$>10^{10}$	$>10^{9}$	$>10^{14}$	$>10^{12}$				

besonders hervorragende Eigenschaften sind stark umrandet. Durch Recken kann die Festigkeit der Polyamide auf

PC und Saran lassen sich noch größere Steigerungen der Temperaturbeständigkeit erzielen als dies durch die Erhöhung des Polymerisationsgrades möglich ist. Durch Mischpolymerisationen von PVC mit Polyvinylacetat oder Acrylharzen läßt sich die Verarbeitbarkeit erleichtern. Dies gilt in erhöhtem Maße für den Zusatz von Weichmachern bis zur Erzeugung von Thermoplasten mit weichgummiartigem Charakter. Diese Abwandlungen des reinen PVC sollen später beschrieben werden.

Zunächst werden die Eigenschaften des unnachchlorierten Polyvinylchlorids (PCU) behandelt. Die Abkürzung PCU gibt eine eindeutige Materialbeschreibung. Die neuere und häufiger verwendete Bezeichnung PVC umfaßt alle Polyvinylchloriderzeugnisse. Die Bezeichnung PCU wird immer weniger gebräuchlich, das Produkt wird jetzt mit Handelsnamen oder *PVC hart* bezeichnet. Dies Material soll etwas ausführlicher beschrieben werden, da es als Halbzeug in Deutschland weitaus die größte Bedeutung hat und hierüber auch die besten Erfahrungswerte vorliegen. Außerdem ist es der Prototyp eines thermoplastischen Kunststoffes.

Die Kunststofferzeuger liefern PVC hart als feines weißes geruch- und geschmackloses Pulver, das von den Kunststoffverarbeitern unter Anwendung von Druck und Wärme zu Drähten, Stangen, Rohren oder anderen Profilen auf der Strangpresse verarbeitet wird. Das Material eignet sich sehr gut zur Herstellung

Kunststoffe (ohne Weichmacherzusatz).

Polymethacrylsäureester (Plexiglas)	Polystyrol	Polyvinylchlorid			Polyvinylidenchlorid	Polytetrafluoräthylen	Polyvinylkarbazol
		PCU	MP	PC			
1,18	1,05	1,38	1,38	1,38	1,69	2,2	1,2
700	450	600	500	700	350	125	150
800—1200	800—1000	1000	1000	1100	500	110	450—600
3	1	50—200	50—500	100			
20	20	>150	>150				2—10
1—3	1—3	>10	>10		10	>10	
1000	1000	800	800	800	600	120	350
1200	1100—1400	1100	1100	1100	450	150	1300—1900
3	3	3	3	3	0,5	0,4	3,5
70—90	65—70	65	60	70	60	130	150
105	90	90	90	90			190
60—80	70—90	60	55	70	70—90	200	120
1	1	2	2	2			1
80—90	80—90	80	80	80	190	100	60
brennt	brennt	keine	keine	keine	keine	keine	brennt
$>10^{14}$	$>10^{14}$	$>10^{13}$	$>10^{13}$	$>10^{13}$			$>10^{13}$
$>10^{14}$	$>10^{14}$	$>10^{13}$	$>10^{13}$	$>10^{13}$			$>10^{13}$
0,05	0,0004	0,02	0,02	0,02	0,05	0,0002	0,001
	0,0004	0,015	0,015	0,015			0,001
3,5	2,5	3,4	3,4	3,4			3
	2,6	3,4	3,4	3,4	3,5	2,0	3
$>10^{12}$	$>10^{14}$	$>10^{13}$	$>10^{13}$	$>10^{13}$			$>10^{13}$
$>10^{12}$	$>10^{14}$	$>10^{13}$	$>10^{13}$	$>10^{13}$			$>10^{13}$

die 4—8fachen Werte gebracht werden.

von dünnen Folien auf dem Kalander. Handelsüblich sind Folien von 0,1 bis 1,2 mm Stärke. Es können auch dickere Platten und Blöcke durch Verpressen von Heizwickeln in derselben Hitze gewonnen werden. Handelsüblich sind Blöcke bis zu 50 mm Stärke. Dickere Blöcke machen Schwierigkeiten bei der Verarbeitung; es entstehen leicht Bindefehler zwischen den einzelnen Folienlagen.

Das so hergestellte Halbzeug läßt sich mit handwerklichen Mitteln sehr einfach spangebend und besonders spanlos durch Warmverformung weiterverarbeiten. Diese günstige Verarbeitbarkeit, verbunden mit den sehr guten mechanischen und chemikalienbeständigen Eigenschaften, haben PVC das große Anwendungsgebiet erschlossen.

Die Festigkeitseigenschaften und die elektrischen Werte sind aus der Tabelle 16 zu entnehmen. Besonders erwähnenswert ist die hohe Schlagzähigkeit. Man sieht, daß die elektrischen Isolationswerte ausgezeichnet sind, nicht aber die Hochfrequenzeigenschaften. In dieser Beziehung sind Polyäthylen und Polystyrol weit überlegen. Dieser Mangel von PVC erweist sich jedoch bei der Verarbeitung wieder als Vorteil, da das Material auf induktivem Wege auf die Verarbeitungstemperatur erwärmt werden kann. Die gute thermoplastische Verarbeitbarkeit bedeutet anderseits geringe Temperaturbeständigkeit. Man findet häufig in Druckschriften

Angaben über Temperaturgrenzen bei 40° oder 60°, die nicht überschritten werden sollen. Derartige Grenzen der Gebrauchstemperatur kann man eigentlich nicht angeben, die mechanische und die chemische Beständigkeit sinken kontinuierlich mit der Temperatur. Abb. 16 zeigt den Abfall der Festigkeit mit der Temperatur. Eine diskontinuierliche Änderung findet man nur bei der Erweichungstemperatur, die bei etwa 80° liegt. Oberhalb dieser Temperatur wird PVC selten verwendet werden, da die Gütewerte bei diesen Temperaturen zu gering sind; eine prinzipielle Unmöglichkeit besteht nicht. Andere Kunststoffe, z. B. Polyisobutylen, werden nur über der Einfriertemperatur gebraucht. Die nach DIN im 3 Minuten-Kurzzeitversuch ermittelten Festigkeitswerte haben für den Konstrukteur nur bedingten Wert. Die in den Firmen-Druckschriften angegebenen 3 Minutenwerte geben meistens ein zu günstiges Bild, da die Dauerstandfestigkeit bei Kunststoffen verhältnismäßig sehr viel niedriger als die Kurzzeitfestigkeit liegt, niedriger, als wir dies bei den Metallen gewohnt sind. Den Abfall der Festigkeit mit der Zeit zeigt Abb. 17. Man sieht, daß die Dauerstandfestigkeit bei PVC etwa bei $^1/_3$ des 3 Minutenwertes liegt. Die Versuche der Abb. 16

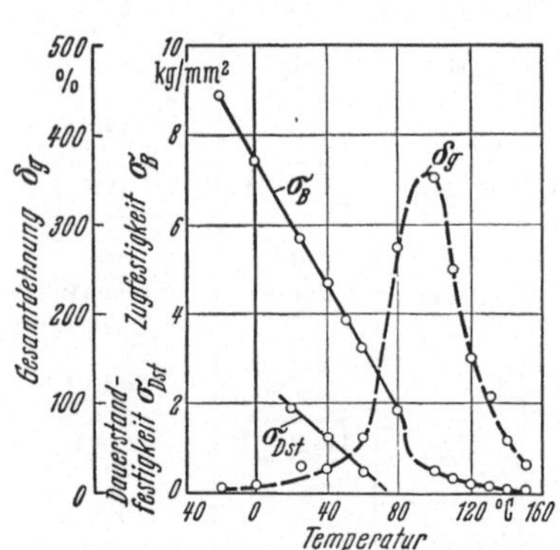

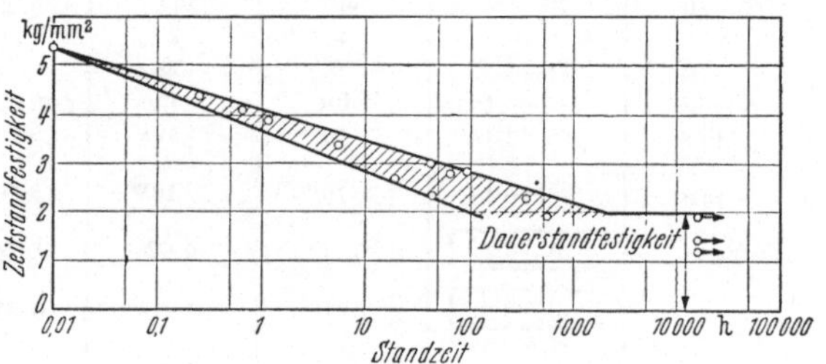

Abb. 16. Zugfestigkeit, Gesamtdehnung (Kurzzeitbeanspruchung 3 min-Werte) und Dauerstandfestigkeit von PVC in Abhängigkeit von der Temperatur (nach BUCHMANN).

Abb. 17. Zeitstandfestigkeit und Dauerstandfestigkeit von PVC nach Langzeitversuchen (nach BUCHMANN).

und 17 sind an runden, zylindrischen Stäben gewonnen. Sowie eine Kerbwirkung hinzukommt, ist der Abfall bedeutend größer, die Festigkeits-Zeitlinie verläuft steiler (vgl. Abb. 18).

Man erkennt aus der Abb. 18, daß eine hohe Kurzzeitfestigkeit nicht unbedingt mit einer hohen Dauerfestigkeit verbunden ist. Dies gilt auch für den Vergleich verschiedener Kunststoffe untereinander. Merkwürdigerweise verlaufen die Linien für den rund- und spitzgekerbten Stab parallel. Abb. 19 zeigt die Auswirkung verschiedener Abrundungsradien in einem Bundstück. Den Abfall der Schlagzähigkeit beim glatten und gekerbten Stab zeigt Abb. 20.

Man sieht aus diesen Versuchsergebnissen, daß es außerordentlich wichtig ist, jede Art von Kerben zu vermeiden. Es ist deshalb der spanlosen Verformung gegenüber der spangebenden Verarbeitung, wenn irgend möglich, der Vorzug zu geben, da sich Kerben bei der spangebenden Verarbeitung kaum vermeiden lassen. Wenn die Bearbeitungsriefen parallel zur Beanspruchungsrichtung verlaufen, ist die Auswirkung nicht so erheblich. Abb. 21 und Abb. 22 zeigen einige Gestaltungsbeispiele, die falsche und richtige Lösungen darstellen. BUCHMANN gibt hierzu folgende Gestaltungsregeln, deren Beachtung die Gestaltfestigkeit und damit den Gebrauchswert von Vinidur-Werkstücken erhöhen hilft und vor unangenehmen, u. U. erst nach einiger Betriebszeit auftretenden Überraschungen sichert.

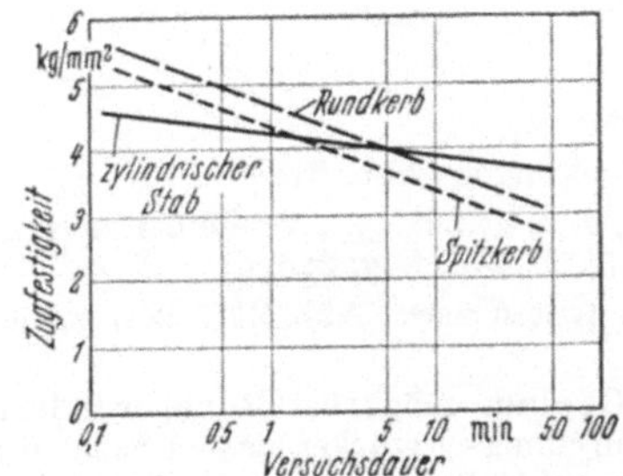

Abb. 18. Kerbzerreißversuche mit PVC-Rund-
stäben (Festigkeit-Zeit-Linien) (nach BUCHMANN)

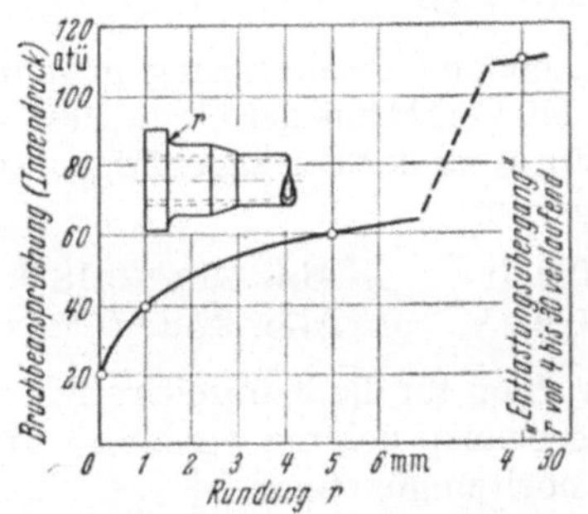

Abb. 19. Ausbildung von Querschnittsübergängen
3 min-Festigkeit von PVC-Bundstücken NW 40 in
Abhängigkeit vom Rundungshalbmesser
(nach BUCHMANN).

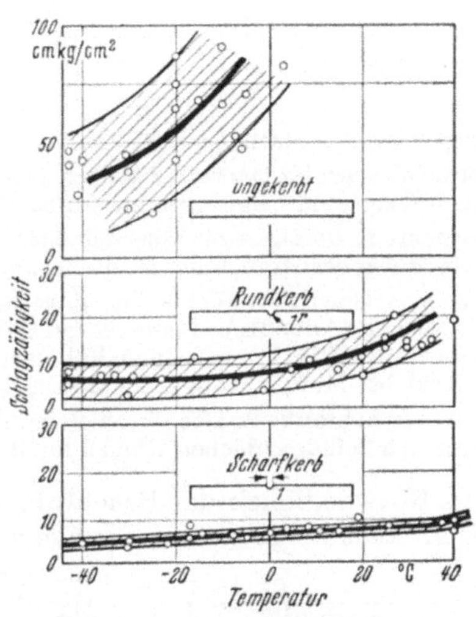

Abb. 20. Schlagzähigkeit und Kerbschlagzähigkeit
von PVC in Abhängigkeit von der Temperatur
(nach BUCHMANN).

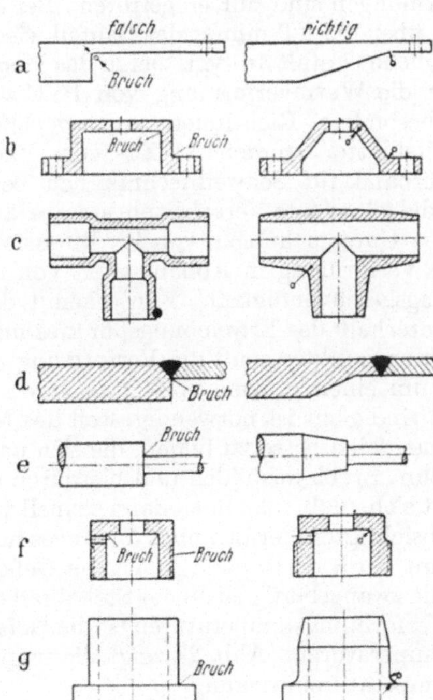

Abb. 21. Gestaltungsregeln bei Querschnittsübergängen.

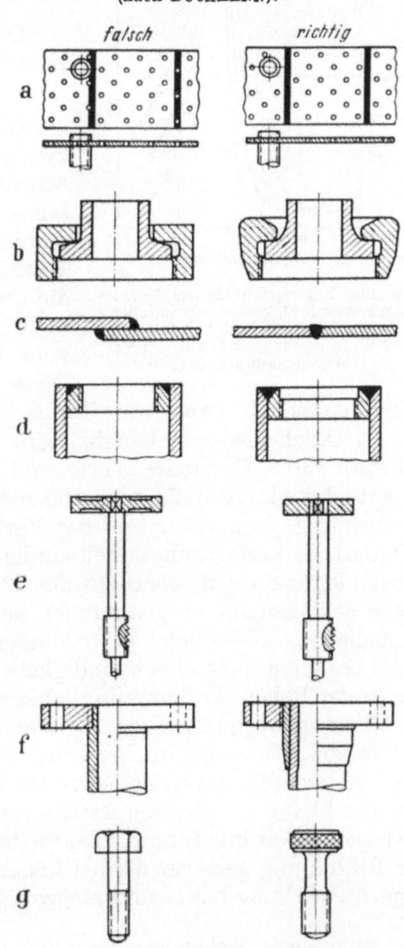

Abb. 22. Gestaltungsregeln für Entlastung
gefährdeter Querschnitte und für Gewinde
(nach BUCHMANN).

Gestaltungsregeln:

1. Sorge für einen glatten Kraftfluß ohne schroffe Umlenkungen (Abb. 21a···c).
2. Vermeide schroffe Querschnittsübergänge (Abb. 21a, d, e, g; 22f, g). Wende bei unvermeidlichen Querschnittssprüngen gute Ausrundungen an (Abb. 21a, f, g, 22e, g).
3. Vermeide in gefährdeten Querschnitten Bohrungen, Nuten usw. (Abb. 21f; 22a) sowie unnötige Biegebeanspruchung (Abb. 21b, c, d).
4. Vermeide Gewinde. Wende bei unvermeidlichem Gewinde möglichst Rundgewinde nach DIN 405 an (Abb. 21e). Bemesse den Gewindekerndurchmesser stärker als den Schaftdurchmesser (Abb. 21e, g). In keinem Fall darf unmittelbar auf Rohr Gewinde geschnitten werden. Aufgeklebte Muffen genügender Stärke dürfen Gewinde erhalten (Abb. 21f).
5. Begrenze Schraubenkräfte durch Begrenzung der Anziehkraft (Abb. 21e), verwende also an Stelle von Schlüsselflächen Rändel für Handanzug (Abb. 21g).

Die Notwendigkeit der Beachtung der vorstehenden Gestaltungsregeln geht aus wenigen Zahlenangaben zur Genüge hervor, die das Verhältnis der Gestaltfestigkeit der „falschen" Form zu der der zugehörigen „richtigen" Form angeben:

Abb. 21 f: 0,3:1   Abb. 21 g: 0,18:1
Abb. 22 c: 0,9:1[1]   Abb. 22 d: 0,5:1

Die Zahlen wurden für die Kurzzeitfestigkeit ermittelt; bei Dauerbeanspruchung werden sie für die „falsche" Form noch ungünstiger.

Zur spanlosen Verformung wird das Material zweckmäßig über die Erweichungstemperatur erwärmt, da das Kaltziehen nur in beschränktem Umfange möglich ist. Auch die kalt erzeugten plastischen Verformungen sind nur eingefroren. Bei der Erwärmung über die ET nimmt das Bauteil wieder die ursprüngliche Gestalt an (vgl. hierzu das Modell S. 13). Für die Warmverformung von PVC sind vom VDI besondere Richtlinien herausgegeben.

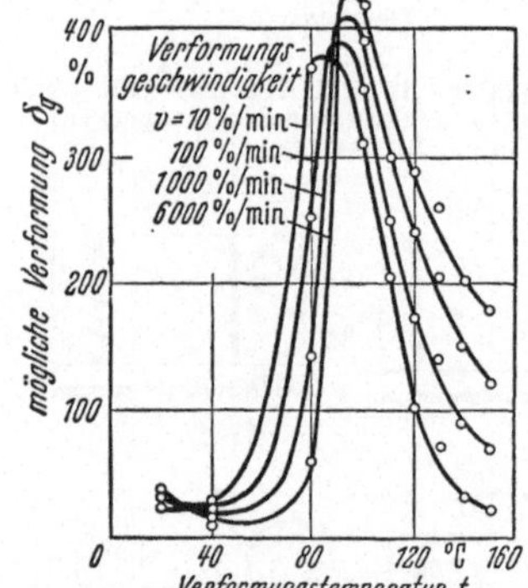

Abb. 23. Bei verschiedenen Verformungsgeschwindigkeiten v mögliche Verformung (Gesamtbruchdehnung) von PVC in Abhängigkeit von der Verformungstemperatur.

Diese Arbeitsblätter werden z. Zt. vom Fachnormenausschuß bzw. vom Deutschen Verband für Schweißtechnik neu bearbeitet. Nach diesen Arbeitsblättern liegt die günstigste Verarbeitungstemperatur bei etwa 130°. Genauere Werte sind aus den Untersuchungen von W. BUCHMANN zu entnehmen. Abb. 23 zeigt die mögliche Verformung in Abhängigkeit von der Verformungstemperatur und der Verformungsgeschwindigkeit. Man erkennt daraus, daß die Verformungsgeschwindigkeit unterhalb des Erweichungspunktes möglichst klein sein soll, oberhalb des Erweichungspunktes muß die Verformung dagegen sehr schnell vorgenommen werden, um einen großen Verformungsweg zu ermöglichen. Diese hohe Verformungsgeschwindigkeit ist notwendig, weil das Material bei langsamer Geschwindigkeit Zeit hat, feine Risse zu bilden, die sich dann wegen der hohen Kerbempfindlichkeit bis zum Bruch ausbilden und hierdurch die Verformungswege begrenzen. Hieraus ergibt sich, daß man auch dann schnell verformen soll, wenn dies zur Erzielung des beabsichtigten Verformungsvorganges noch nicht notwendig wäre. Je schneller verformt wird, desto geringer ist die Gefahr, daß sich kleine unsichtbare Anrisse bilden, die zwangsläufig zu einem Steilabfall der Festigkeits-Zeitlinie führen. Bei niedrigen Verformungstemperaturen ist die Gefahr der Rißbildung geringer als bei höheren Temperaturen. Abb. 24 zeigt die ungünstige Auswirkung hoher und langzeitiger Temperatureinwirkung.

---

[1] bei nur einer Kehlnaht ~ 0,4 : 1.

Ein Nachteil der geringen Verformungstemperatur ist aber die geringere Formbeständigkeit des Gegenstandes in der Wärme. Wie aus dem Seite 13 beschriebenen Ersatzschaubild des PVC ersichtlich ist, neigt das Material immer dazu, in die Form zurückzukehren, in der es ursprünglich hergestellt ist. Dieses Rückstreben in die alte Form ist um so größer und tritt bei um so niedrigeren Temperaturen ein, je geringer die Verformungstemperatur war. Dies ist aus Abb. 10 ersichtlich. Aus diesen Versuchen ergeben sich die von Buchmann aufgestellten Verformungsregeln.

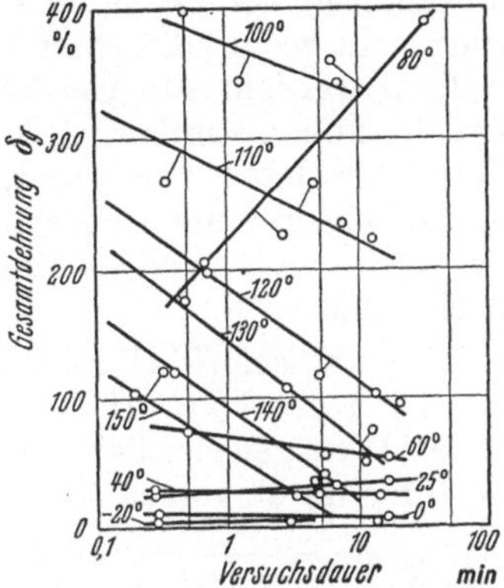

Abb. 24. Je höher die Verformungstemperatur gewählt wird, desto geringer ist die erreichbare Gesamtdehnung. Dieser ungünstige Einfluß der hohen Verformungstemperatur wirkt sich um so stärker aus, je länger sich das Material unter Spannung auf hoher Temperatur befindet.

Verformungsregeln für PVC hart. Hohe Temperaturbeständigkeit der Verformung, also geringes Rückstellungsbestreben, verlangt eine hohe Verformungstemperatur; hohe Verformungsgrade verlangen eine niedrige Verformungstemperatur. Die Praxis muß zwischen diesen und anderen gegensätzlichen Forderungen einen Ausgleich finden. In den folgenden Regeln sind die in planmäßigen Versuchen gewonnenen Erkenntnisse für die Bedürfnisse der Praxis ausgewertet:

1. Die günstigste Verformungstemperatur ist im allgemeinen etwa 130°.
   Bei höheren Temperaturen hat man meist nicht genug zeitlichen Spielraum, um eine Rißbildung bei höheren Verformungsgraden mit Sicherheit ausschließen zu können.
2. Nur wenn besonders starke Verformungen ausgeführt werden müssen, die bei 130° nicht mehr rißfrei gelingen, sind Temperaturen von 100···110° anzuwenden.
   Man nimmt dann ein stärkeres Rückstellungsbestreben in Kauf, kann dafür aber die Verformung fehlerfrei und ohne Ausschußgefahr durchführen.
   Stärkste Verformungen sind bei Temperaturen um 90° und hoher Verformungsgeschwindigkeit durchführbar. Diese Arbeitsweise empfiehlt sich z. B. für Tiefzieharbeiten.
3. Die Werkstücke sollen auf die richtige Verformungstemperatur gleichmäßig und ohne örtliche Überhitzungen durchgewärmt werden. Sie müssen also genügend lange in einem Heizmittel (Luft) von nur geringer Übertemperatur lagern (Umluft erlaubt eine Abkürzung der Erwärmungsdauer). Die Stücke sollen aber nicht unnötig lange der Hitze ausgesetzt sein.
   Gänzlich falsch ist es, einen Vorrat von zu verformenden Teilen stunden- oder gar tagelang in einem Wärmeschrank bei z. B. 130° zu lassen; Werkstoffschädigungen sind dann unvermeidlich.
4. Die Verformung ist, einmal begonnen, möglichst schnell (mit möglichst großer Geschwindigkeit) zu Ende zu führen.
   Bei schwierigen Verformungsarbeiten sind Vorrichtungen, Schablonen usw. so vorzubereiten, daß die Verformung in einem Zuge erfolgen kann.
5. Sobald die Verformung beendet ist, ist unverzüglich abzukühlen.
   Dies ist eine der wichtigsten Verformungsregeln. Bleiben gereckte Teile, z. B. aufgeweitete Rohrenden, abgekantete Platten, einige Zeit warm, so besteht die Gefahr des Aufreißens. So gelingt z. B. das Umkleiden von Walzen usw. mit Vinidur durch Aufschrumpfungen nur dann, wenn mit Wasser abgekühlt wird, sobald die vorgeweiteten Vinidur-Mäntel durch Erwärmen zur Anlage gebracht sind.
   Für eine genügend schnelle Abkühlung ist, wenn bei 130° verformt wurde, Wasser oder wenigstens Preßluft erforderlich. Wenn z. B. bei der Dosenherstellung bei nur 90° verformt wurde, sind irgendwelche Vorkehrungen für die Abkühlung dagegen meist unnötig.

Anwendungsgebiete. PVC hart wird als Halbzeug verwiegend für Rohrleitungen einschl. Fittings und Ventilen verwendet, ferner für Behälter und Apparate in der chemischen und in der Nahrungsmittelindustrie. Weitgehend erprobt ist die Verwendung von PVC zur Herstellung von Akkukästen und für Separatoren (Trennblätter) zwischen den Bleiplatten. Diese Verwendung zeigt sehr gut die chemische Beständigkeit des Materials bei üblichen Temperaturen, denn eine Abspaltung von Chlor würde den Bleiakku in kurzer Zeit zerstören. Durch langzeitige Versuche ist erwiesen, daß kein Chlor abgespalten wird. Physiologisch ist PVC völlig einwandfrei, der Geschmack von Nahrungsmitteln wird auch bei längerer Einwirkung nicht beeinflußt, es ist jedoch darauf zu achten, daß Bearbeitungsspäne sauber entfernt werden. Für Getränke-, Schankanlagen ist das Material ausgezeichnet geeignet. Folien werden vorzugsweise für die Auskleidung von Behältern aus Metall, Holz oder Beton verwendet. Folien, insbesondere als gerecktes Material, werden zur Kabelisolierung eingesetzt. Das Material eignet sich ferner für Verpackungszwecke als selbständiges Material oder zum Kaschieren von Papp- und Schwarzblechdosen.

Polyvinylchlorid PC, Handelsbezeichnung Vinifol oder einfach PC. Durch Nachchlorieren des PVC erhält man PC. In der chemischen Formel des PCU (vgl. Seite 21) ist gelegentlich ein H durch ein weiteres Cl zu ersetzen. Der Chlorgehalt steigt hierdurch von ca 55% bis auf 65% an. Die Wärmebeständigkeit wird hierbei erhöht. Abb. 25 zeigt das Ansteigen der Einfriertemperatur mit dem Chlorgehalt. Die Zugfestigkeit liegt ebenfalls etwas höher. Die Verarbeitbarkeit wird jedoch verschlechtert. Man kann PCU und PC gemischt verarbeiten, um tropenfeste Kunststoffe zu erzielen. PC wird nur in geringem Maße zur Herstellung von Folien für die Elektroindustrie verwendet. Das Hauptanwendungsgebiet liegt nicht im Halbzeug, sondern in der Lackindustrie zur Herstellung säurefester Lacke und in der Faserstoffindustrie zur Herstellung säurefester Filtertücher,

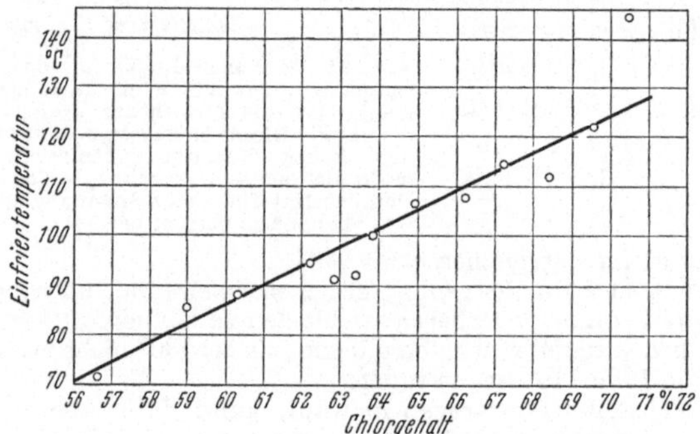

Abb. 25. Die Einfriertemperatur steigt mit wachsendem Chlorgehalt (nach unveröffentlichten Versuchen von BUCHMANN).

Schutzkleidung und Tauwerk, das absolut sicher gegen Verrottung ist. Die PC-Faser ist billiger als Nylon- oder Perlon-, aber nicht so fest wie diese.

Polyvinylidenchlorid, Handelsbezeichnung Saran. Durch weitere Erhöhung des Chlorgehaltes ist in Amerika ein Thermoplast mit ähnlichen aber durchschnittlich besseren Eigenschaften als beim PVC entwickelt worden. Die Erweichungstemperatur liegt bei etwa 130° gegenüber 80° bei PVC. Durch Reckung läßt sich die Festigkeit ganz besonders erhöhen. Das Anwendungsgebiet ist aber wegen des hohen Preises zunächst gering.

Mischpolymerisate, Handelsbezeichnungen Mipolam MP, Trovidur MP, Astralon. Durch Mischpolymerisation von PVC mit z. B. Vinylacetat oder Acrylaten entstehen Thermoplaste mit ähnlich guten Eigenschaften wie beim PVC. Die Verarbeitbarkeit ist erleichtert, die Wärmebeständigkeit und die mechanischen Werte sind dafür etwas verringert. Neben der besseren Verarbeitbarkeit liegt der Vorteil dieses Materials darin, daß es durchscheinend bis glasklar geliefert werden kann. Die chemische Beständigkeit ist nicht ganz so gut wie die des PVC, aber im allgemeinen noch ausreichend. Die mechanischen Werte sind aus der Tabelle 16 (Seite 22) zu ersehen. Über die Verarbeitungstechnik gilt dasselbe wie bei PVC. Die Anwendungsgebiete sind die gleichen. Ob man im Einzelfall PVC oder MP nehmen wird, richtet sich nach den Anforderungen. Wenn die Temperatur- und Chemikalienbeständigkeit von MP ausreicht, wird man MP wegen der leichteren Verarbeitbarkeit den Vorzug geben.

4. Polymethacrylsäure-Ester, Handelsname Plexiglas. Chemische Bezeichnung

für das Monomere   das Polymere

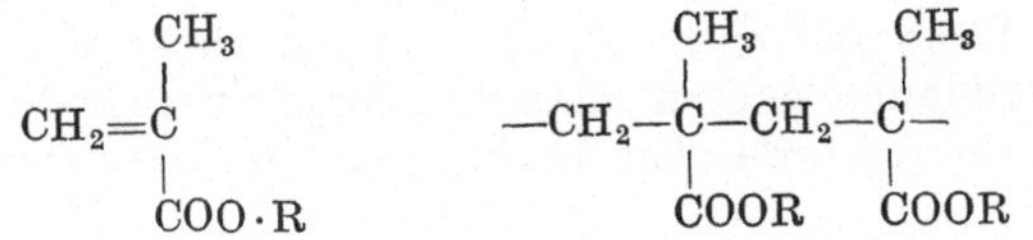

$$CH_2=\underset{\underset{COO\cdot R}{|}}{\overset{\overset{CH_3}{|}}{C}} \qquad -CH_2-\underset{\underset{COOR}{|}}{\overset{\overset{CH_3}{|}}{C}}-CH_2-\underset{\underset{COOR}{|}}{\overset{\overset{CH_3}{|}}{C}}-$$

Das Material wird als Halbzeug in Form von Stäben, Rohren, Stangen und besonders in Form von Folien, Scheiben und Blockmaterial geliefert. Die mechanischen Eigenschaften sind aus der Tabelle 17 zu ersehen. Die Zugfestigkeit liegt etwas höher als die von PVC, die Zähigkeit ist aber erheblich geringer. Die Schlagzähigkeit beträgt 20 cmkg/cm² gegenüber 150 cmkg/cm² beim PVC. Der Hauptvorteil dieses Materials liegt in den durch keinen anderen Kunststoff erreichten optischen Eigenschaften. Sogar das UV-Licht wird zu 90% durchgelassen. Das Material verhält sich also in dieser Hinsicht sehr viel besser als Glas. Ein weiterer Vorteil gegenüber Glas liegt in der Splittersicherheit in Verbindung mit dem geringeren spezifischen Gewicht (1,18 g/cm³ gegen 2,5 g/cm³ bei Fensterglas). Nachteilig ist die geringe Oberflächenhärte, sodaß das Material durch Kratzer an der Oberfläche leicht matt wird. Eine verschrammte Oberfläche läßt sich andererseits sehr viel leichter wieder auf Hochglanz polieren als dies bei Glas möglich ist. Die Chemikalienbeständigkeit ist mäßig bis gut. Beständigkeit besteht gegen Wasser, Laugen und verdünnte Säuren. Das Material läßt sich ausgezeichnet spangebend und in gewissen Grenzen spanlos verarbeiten. Es läßt sich kleben und schweißen. Das Hauptanwendungsgebiet ergibt sich durch die guten optischen Eigenschaften. Es eignet sich besonders für die Verglasung von Fahrzeugen, im Modellbau usw., darüber hinaus für medizinische Zwecke, Protesen.

Tabelle 17. *Mechanische Eigenschaften von Plexiglas M 33.*

	normal	gereckt (250%)
Zugfestigkeit . . . . kg/cm² $\parallel$	750	900
Biegefestigkeit . . . . . . kg/cm² $\parallel$	1200	1630
Biegefestigkeit . . . . . . kg/cm² $\perp$	1200	770
Schlagbiegefestigkeit . . cmkg/cm² $\parallel$	20	100
Schlagbiegefestigkeit . . cmkg/cm² $\perp$	20	10

$\parallel$ = parallel zur Reckrichtung,
$\perp$ = senkrecht zur Reckrichtung

5. Polyamide. Handelsbezeichnung Igamid, Ultramid, Supramid, Nylon, Perlon, Supronyl-Folie. Die größte Bedeutung hat diese Kunststoffgruppe für die Faserindustrie, insbesondere als Rohstoff für Damenstrümpfe, Wäsche usw., die in Deutschland unter der Bezeichnung Perlon oder Nylon im Handel sind. In Amerika werden die Superpolyamide fast ausschließlich als Rohstoff für die Faserindustrie hergestellt, während man in Deutschland den Schwerpunkt auf die Anwendung als festen Kunststoff legt. Das Material hat als Halbzeug und als Folie große Bedeutung wegen der günstigen mechanischen Eigenschaften, insbesondere der hohen Zähigkeit, die bisher von keinem anderen Kunststoff erreicht wurde. Dem chemischen Aufbau nach handelt es sich um ein Poly-Kondensationsprodukt mit fadenförmiger Gestalt der Makromoleküle.

$$-HN-(CH_2)x-NH-CO-(CH_2)y-CO-NH-(CH_2)x-NH-CO-(CH_2)y-CO-$$

In Deutschland sind die in der Tabelle 18 angegebenen Ultramidmarken auf dem Markt. Ihre Zugfestigkeitswerte können durch Recken des Materials auf die 10-fachen Werte in Verformungsrichtung gebracht werden. Diese Verfestigung hat für Bauteile, die nur in einer Richtung beansprucht werden, Zugstangen, Drähte, Seile, Treibriemen usw. große Bedeutung. Unter Berücksichtigung des spezifischen Gewichtes lassen sich erheblich höhere Zugfestigkeitswerte als mit Stahl erreichen. Die Reißlänge eines Perlonfadens beträgt 80 km gegenüber 30 km bei dem besten Stahldraht. Unter Reißlänge versteht man die Länge eines Drahtes, deren Gewicht zum eigenen Bruch führen würde. Die Verfestigung in Reckrichtung hat ferner für

Tabelle 18.

Eigenschaft	Einheit	Ultramid A	Ultramid B	Ultramid 6 A	Ultramid 1 C
Spez. Gewicht	g/cm³	1,12	1,13	1,12	1,12
Martenszahl	°C	ca. 60	ca. 55	40—50	
Vicatzahl	°C	220—230	160—180	140—160	
Schmelzpunkt	°C	ca. 250	ca. 215	ca. 185	ca. 185
Wärmeleitzahl	$\frac{\text{kcal}}{\text{m h °C}}$	0,26	0,24	0,19	
Zugfestigkeit	kg/cm²	600—700	550—650	450—600	550—600
Biegefestigkeit	kg/cm²	900—1000	300—400	300—400	
Elastizitätszahl (Biegung)	kg/cm²	13 000 bis 15 000	6000 bis 9000	3000 bis 4000	
Kugeldruckhärte	kg/cm²	1000	500	350	450
Schlagzähigkeit	cmkg/cm²	> 150	> 150	> 150	
Spez. Widerstand	$\Omega \cdot$ cm	10^8—10^{14}	10^8—10^{14}	10^8—10^{14}	
Dielektr. Konstante (bei 10^3 Hz)	ε	3—10	3—15	3—10	
Dielektr. Verlustfaktor (bei 10^3 Hz)	tg δ	0,1—0,4	0,1—0,4	0,1—0,4	

die Herabsetzung der Kerbempfindlichkeit große Bedeutung. Es ist bekannt, daß z. B. eine Zellophanfolie sehr große Zugkräfte aufnehmen kann, sofern sie unbeschädigt ist, macht man jedoch am Rande der Folie einen kleinen Anschnitt, so reißt sie bei geringer Beanspruchung durch. Dies ist bei den Polyamidfolien nicht der Fall. Das Material dehnt sich vielmehr in der Beanspruchungsrichtung; hierdurch wird die Folie zunächst am Kerbgrund entlastet. Reckt man weiter, so verfestigt sich das Material über den ganzen Querschnitt, die Fadenmoleküle richten sich parallel zur Zugrichtung, also senkrecht zum Einschnitt. Ein Weiterreißen des Einschnittes wird verhindert. Neben diesen guten Festigkeitseigenschaften ist die außerordentlich große Verschleißfestigkeit dieser Kunststoffgruppe erwähnenswert. Die elektrischen Eigenschaften sind nicht sonderlich hervorragend. Abb. 26 zeigt die Abhängigkeit der elektrischen Daten vom Wassergehalt. In der Elektroindustrie hat sich bisher kein großes Anwendungsgebiet ergeben, zumal die elek-

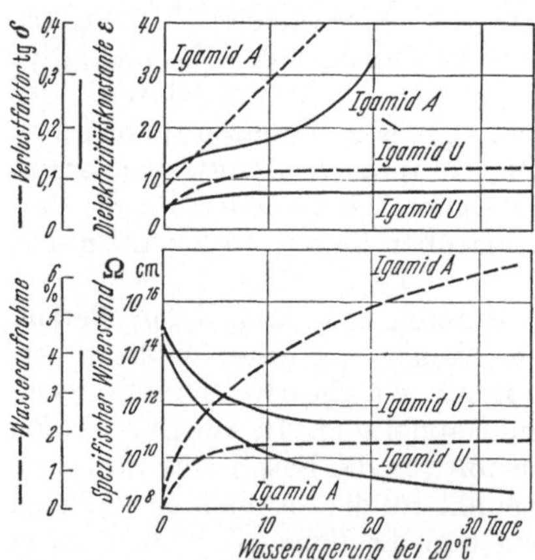

Abb. 26. Elektrische Daten von Igamid in Abhängigkeit vom Wassergehalt. Igamid U ist wesentlich wasserfester als Igamid A.

trischen Werte vom Feuchtigkeitsgehalt abhängig sind. Bei Lagerung im Wasser nimmt das Material bis zu 10% Feuchtigkeit auf. Die mechanische Naßfestigkeit liegt bis zu 20% unter der Trockenfestigkeit. Eine geringe Feuchtigkeit enthält das Material unter gewöhnlichen Bedingungen immer, durch absolute Trockenheit neigt es zur Versprödung.

Die Verarbeitung ist etwas schwieriger als bei PVC. Das Material läßt sich gut spangebend, aber spanlos nicht so gut wie PVC verarbeiten. Es läßt sich kleben und gut schweißen. Die spanlose Verformung ist schwieriger, weil es nicht allmählich in einem großen Temperaturbereich erweicht, sondern in einem kleinen Temperaturbereich bei 180—250° je nach Sorte schmilzt. Das Material eignet sich deshalb weniger zur thermoplastischen Verformung als zum Spritzguß. Wegen der Dünnflüssigkeit bei der Spritztemperatur müssen die Formverschlüsse sauber passend gearbeitet sein. Igamid A und B erfordern wegen der hohen Feuchtigkeitsaufnahme vor der Verarbeitung Vortrocknung, evtl. in Vakuum. Nach dem Spritzen ist das Material zunächst sehr spröde und erhält seine günstigen mechanischen Eigenschaften erst nach der Aufnahme der Feuchtigkeit aus der Luft. Igamid U ist weniger feuchtigkeitsabhängig, aber empfindlich gegen zu hohe Spritztemperatur. Bei richtiger Spritztemperatur läßt sich das Material aber leicht verarbeiten.

Anwendungsgebiete: Polyamid-Kunststoffe werden für solche Teile verwendet, die hohe mechanische Gütewerte haben müssen, oder die gegen organische Lösungsmittel beständig sein sollen. Das Material eignet sich besonders für technische Textilien, Seile für die Fischindustrie, Schleppseile für Übersee- und Lufttransporte wegen der großen Zerreißfestigkeit und der hohen elastischen Dehnung bei geringem spezifischem Gewicht, ferner für Treibriemen, Schnüre und Drähte, Griffe, Beschläge, Dichtungsmanschetten, Lagerschalen, Schrauben und Muttern.

6. Polystyrol, Handelsnamen Trolitul, Styroflex. Chemische Formel

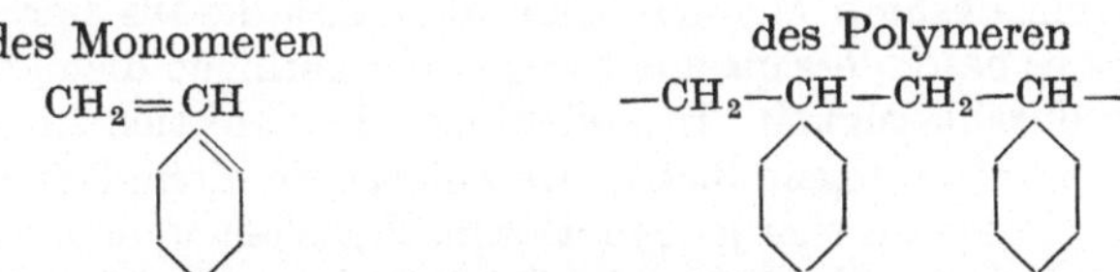

Polystyrol ist neben Zelluloseazetat der am häufigsten angewendete Spritzgußwerkstoff. Das Material wird in Form von Körnern bzw. Pulver geliefert und zu einer glasklaren, harten, ziemlich spröden Masse verspritzt. Halbzeug als Folien, Rohre und Profile läßt sich nach dem Strangpreßverfahren herstellen. Das Material ist in der Regel glasklar, läßt sich aber in allen Tönungen einfärben. Es ist das gegebene Material für die Herstellung von Massenartikeln aller Art, es hat glänzende Isolationseigenschaften und ebenso geringe dielektrische Verluste wie Polyäthylen und Polyisobutylen. Das Material erweicht bei etwa 90° C und läßt sich oberhalb des Erweichungspunktes spanlos verformen. Dieser verhältnismäßig niedrige Erweichungspunkt ist oft von Nachteil. Je nach Herstellungsverfahren werden beim reinen Polystrol nieder- oder höhermolekulare Stoffe gewonnen, die eine geringere oder höhere Wärmefestigkeit besitzen. Für Polystyrol III mit einem Molekulargewicht von 180 000 wird eine Gebrauchstemperatur bis 65° C angegeben, für Polystyrol VI mit einem Molekulargewicht von 190 000 75° und Polystyrol EF mit einem Molekulargewicht von 800 000 90° C.

Durch Zusatz von Quarzmehl läßt sich die Wärmebeständigkeit noch besonders erhöhen. In den USA hat man durch Chlorierung ein Polydichlorstyrol entwickelt, das einen Erweichungspunkt von 115° erreicht.

Der Nachteil der großen Sprödigkeit des Polystyrols läßt sich durch Recken vermindern. Das Material wird quer zur Reckrichtung biegsam. Um allseitig biegsame Folien zu erhalten, müssen diese nach beiden Richtungen gereckt werden. Die Eigenschaftswerte der verschiedenen Polystyrolmarken sind aus Tabelle 19 zu ersehen.

Tabelle 19. *Eigenschaftswerte verschiedener Polystyrolmarken.*

	III	IV	V	VI	EF	EH	EN	Si
Biegefestigkeit kg/cm²	700—900	900—1100	800—1000	900—1200	1000—12000	800—1000	1000—1100	600
Schlagzähigkeit cmkg/cm²	15—30	25—30	20—30	25—30	25—30	10—20	10—20	8
Kerbschlagzähigkeit cmkg/cm²	2—5	2—5	3—6	2—5	2—5	3—5	2—4	1,5
Druckfestigkeit kg/cm²	950	1100	1000	1000	1400	1000	1000	1100
Wärmeformbeständigkeit nach MARTENS	64—70°	70°	75°	76—80°	72—80°	92—100°	80—90°	74°
desgl. nach VICAT	90°	100°	92—100°	100°	105°	125°	110°	82°
Dielektrizitäts-Konstante 50 Hz 10^6 Hz	2,5 2,5	2,5 2,5	2,4 	2,5 2,5	2,5 2,5	2,8 2,6	1,9 2,8	3,25 3,25
Dielektr. Verlustfaktor tg δ 800 Hz	$2{-}4\cdot10^{-4}$	$2{-}4\cdot10^{-4}$		$3\cdot10^{-4}$	$8\cdot10^{-4}$	$80\cdot10^{-4}$	$80\cdot10^{-4}$	$80\cdot10^{-4}$
Wasseraufnahme nach 7 Tg. mg/100 cm²	10	10	10	10	20	70	50—100	8

Anwendungsgebiete. Polystyrol eignet sich vorzüglich für die Spritzgußtechnik. Es werden deshalb Massenartikel aller Art daraus hergestellt. Für die Elektrotechnik ist es besonders geeignet wegen der geringen dielektrischen Verluste und der Wasserundurchlässigkeit. In Folienform eignet es sich zur Kabelisolierung, nicht aber für die Verpackungsindustrie, weil hierzu die Zähigkeit und Biegsamkeit nicht ausreichen. Es lassen sich jedoch Dosen, Flaschen u. dgl. daraus herstellen. Eine Spezialmarke Polystyrol EN wird im Druckereigewerbe für die Herstellung von Lettern verwendet. Dies Material ist auch benzinfest. Besonders zu erwähnen sind die gute Beständigkeit gegen chemischen Angriff und die geringen Schrumpfungswege beim Verspritzen. Hierdurch lassen sich Massenteile mit größter Maßgenauigkeit herstellen. Die Schrumpfung von Polystyrol beträgt 0,7% gegenüber bis zu 16% bei Polyäthylen.

B. Weiche Kunststoffe als Halbzeug und Fertigteile.

Wie Seite 35ff. beschrieben, gibt es zwischen der völligen Unangreifbarkeit und der Auflösung der Kunststoffe einen Angriff, der als Quellung mit Solvatation bezeichnet wird. Eine harte PVC-Folie nimmt z. B. in kurzer Zeit Benzol auf, so daß die Folie weichgummiartige Eigenschaften bekommt. Es genügen bereits Benzoldämpfe, um den weichen Zustand zu erreichen. Die Benzolaufnahme ist nicht beliebig groß, sondern erreicht bald den der Raumtemperatur entsprechenden Endwert, so daß es nie zu einer Auflösung kommt. Benzol ist jedoch als Weichmacher ungeeignet, weil es flüchtig ist und die Folie deshalb bald wieder hart wird. Die Benzolaufnahme ist also ein umkehrbarer Vorgang. Es gibt aber eine Reihe von Weichmachern mit niedrigem Dampfdruck, durch die die Erweichungstemperatur dauerhaft unter die Raumtemperatur herabgesetzt werden kann. Andere Kunststoffe, bei denen die Erweichungstemperatur unter der Raumtemperatur liegt, haben bereits ohne Weichmacherzusatz weichgummiartigen Charakter.

1. **Polyvinylchlorid weich.** Das weichgestellte PVC ist wohl jedem durch die in allen Farben hergestellten Regenhäute bekannt. Das Material hat aber nicht nur für die Bekleidungsindustrie, sondern auch für technische Zwecke große Bedeutung.

Abb. 7 zeigt den Einfluß des Weichmachergehaltes auf Zugfestigkeit, Dehnung, E-Modul und Erweichungstemperatur. Man kann sich das weiche PVC selbst aus einer Paste herstellen. Die Paste besteht aus einer zähflüssigen, teigigen Mischung von PVC-Pulver mit Weichmacher. Man kann diese zähflüssige Masse in selbstgefertigte, primitive Formen gießen und durch Wärmebehandlung bei 160—170° ausgelieren lassen. Man erhält so Formkörper mit weichgummiartigen Eigenschaften. Die Gegenstände können auch durch Tauchen eines Formkerns in die Paste und nachträgliche Erwärmung hergestellt werden; bei der Erwärmung geliert die Paste zu einer weichgummiartigen Umhüllung des Formkerns aus. Diese Hülle wird dann vom Kern abgezogen und der Gegenstand ist fertig. Wenn der Kern vor dem Tauchen erwärmt wird, geliert die Masse bereits beim Tauchen vor, hierdurch werden dickere Umhüllungen erzielt. Eine evtl. störende Blasenbildung läßt sich durch vorheriges Entgasen der Paste oder dadurch, daß die Erwärmung unter Druck erfolgt, vermeiden. Durch Zumischen von in der Wärme Gas abgebenden Mitteln kann man schaumgummiartige Stoffe erzielen. Neben dieser Selbstherstellung nicht handelsüblicher Teile kann man Folien, Platten, Schläuche und andere Profile in verschiedenen Abmessungen fertig beziehen. Es sind sehr unterschiedliche Qualitäten auf dem Markt, die sich durch den Polymerisationsgrad, Art und Menge des Weichmachers oder durch Füllstoffe unterscheiden. Es gibt also eine Fülle von Variationsmöglichkeiten, die die Auswahl der günstigsten Eigenschaften für den jeweiligen Verwendungszweck möglich machen. Aktive Füllstoffe, wie bei Gummi, gibt es jedoch nicht.

Die nachträgliche Formgebung des weichen PVC ist nicht so einfach wie die des harten, da das Material oberhalb der Erweichungstemperatur verwendet wird. Eine plastische Verformung läßt sich jedoch bei Verarbeitungstemperaturen von 160 bis 170° erreichen. Das Material läßt sich kleben und sehr gut schweißen. Die chemische Beständigkeit ist noch als gut zu bezeichnen, die sehr guten Werte der harten Materialien werden jedoch nicht erreicht. Der Weichmacher Trikresylphosphat kann eine giftige Komponente enthalten, sodaß dieses Material nicht für die Aufbewahrung von Lebensmitteln geeignet ist. Auch ist bei der Herstellung von Kinderspielzeug, das in den Mund genommen werden kann, Vorsicht geboten. Es gibt aber heute genügend andere gute Weichmacher, und heute wird Trikresylphosphat mit giftigen Anteilen nicht mehr verwendet.

Anwendungsgebiete: Schläuche, Stopfen, und andere Formteile in der chemischen Industrie. Die Schläuche werden im allgemeinen ohne Gewebeverstärkung verwendet. Wegen der geringen Dauerstandfestigkeit sind sie als Druckschläuche ohne Gewebeeinlagen weniger geeignet. Als dauernd zulässiger Druck kann etwa $^1/_3$ des 3 Minuten-Berstdruckes angenommen werden. Sehr groß ist die Anwendung von PVC weich als Isolierschlauch in der Elektroindustrie. Die Isolierung wird direkt auf den Draht gespritzt und hat gegenüber Gummi den Vorteil der Alterungs- und Ozonbeständigkeit und Fortfall der Vulkanisation. Einzelne Weichmacher sind jedoch für Gleichstrom ungeeignet. Bei richtiger Zusammensetzung besteht aber auch bei Gleichstrom absolute Durchschlagssicherheit (vgl. Seite 42). Das Material wird ferner für Manschetten und Dichtungen, Säureschutzkleidung und Handschuhe, Kunstleder, Fußbodenbelag, Regenbekleidung verwendet.

2. Polyisobutylen. Chemische Formel

<table>
<tr><td>des Niedermolekularen</td><td>des Polymeren</td></tr>
</table>

$$CH_2{=}C{<}^{CH_3}_{CH_3}$$

$$-CH_2-\underset{\underset{CH_3}{|}}{\overset{\overset{CH_3}{|}}{C}}-CH_2-\underset{\underset{CH_3}{|}}{\overset{\overset{CH_3}{|}}{C}}-CH_2-\underset{\underset{CH_3}{|}}{\overset{\overset{CH_3}{|}}{C}}-$$

Polyisobutylen wird in Deutschland unter der Handelsbezeichnung Oppanol und Dynagen hergestellt. Oppanol bzw. Dynagen ist bei Raumtemperatur und höheren Molekulargewichten ein Thermoplast mit weichgummiartigem Charakter und wird auch mit den in der Gummiindustrie üblichen aktiven und inaktiven Füllstoffen verarbeitet. Oppanol läßt sich jedoch nicht wie Gummi vulkanisieren und neigt dazu, bei langzeitiger Beanspruchung der Krafteinwirkung durch Verformung nach-

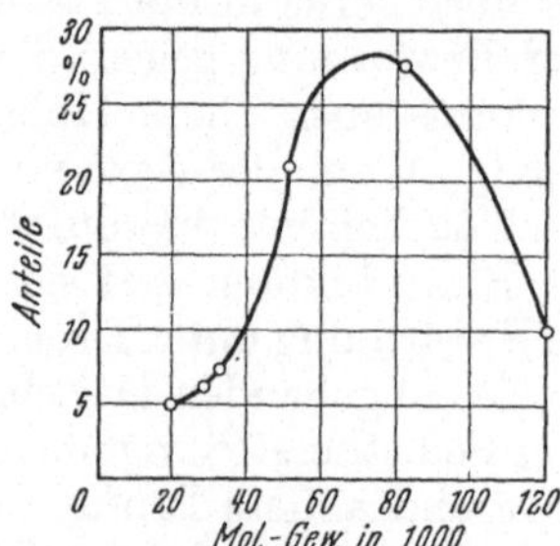

Abb. 27. Verteilung des Molekulargewichtes von Polyisobutylen mit dem durchschnittlichen Molekulargewicht 60 000.

zugeben. Der kalte Fluß ist bei Polyisobutylen besonders stark ausgeprägt. Das reine Material wird in verschiedenen Polymerisationsstufen Oppanol B3, B5, B50, B100, B150 und B200 geliefert. Die hinter der Bezeichnung angeführte Zahl gibt das Molekulargewicht in 1000 an. Selbstverständlich besteht das Produkt nicht aus Molekülen mit einheitlichem Molekulargewicht, es handelt sich vielmehr um einen Durchschnittswert. Ein technisches Produkt mit dem Molekulargewicht 60 000 besteht aus einer Mischung verschiedener Kettenlängen wie dies in Abb. 27 dargestellt ist.

Als Thermoplast wird hauptsächlich B200 verarbeitet, während B3 ein zähflüssiges Produkt ist. Die mechanischen Werte sind stark vom Polymerisationsgrad und von der Art des Füllstoffes abhängig. Die Zerreißfestigkeit steigt von 20 kg/cm² bei B100 auf 60 kg/cm² bei Oppanol B200. Dies sind Kurzzeitwerte, die Dauerstandfestigkeit ist bedeutend

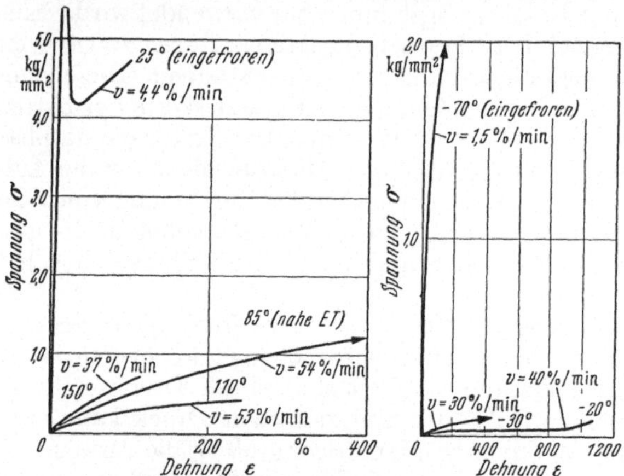

Abb. 28a u. b. Zerreißbilder von PVC und Oppanol im eingefrorenen und im erweichten Zustand (nach BUCHMANN).

geringer. Die Dehnung beträgt mehr als 1000%. Diese Werte sind durch die weit oberhalb der Einfriertemperatur liegende Gebrauchstemperatur begründet, vgl. Abb. 28a u. b. Die thermoplastische Verarbeitung von reinem Oppanol ist nicht ganz einfach, weil das Material auch in der Wärme noch sehr zäh ist. Bis 100° sind die Eigenschaften kaum verändert. Die Warmverarbeitung erfolgt bei 170—200°. Bei 350° beginnt die Zersetzung. Oppanol kann gut mit Polyäthylen oder mit natür-

lichem und synthetischem Kautschuk gemischt verarbeitet werden. Andererseits wird auch die Verarbeitbarkeit der Gummimischungen und auch von Polyäthylen durch Oppanol-Zusatz verbessert. Oppanol-Zumischung wirkt sich auf die Alterungsbeständigkeit von Gummimischungen günstig aus. Alle Oppanolsorten sind alterungsbeständig, die *gleichzeitige* Einwirkung von Licht und Sauerstoff bewirken jedoch einen langsamen Abbau des Produktes, wodurch die Festigkeit wesentlich absinkt. Dunkle Füllstoffe zur Behinderung der Einwirkung von Licht und Sauerstoff und undurchlässige Schutzschichten erhalten das Material stabil. Die Füllstoffe, insbesondere die aktiven, erhöhen die Festigkeit und die Härte; die Dehnung und besonders der kalte Fluß werden vermindert.

Das Material läßt sich gut schweißen.

Oppanol mit Zusätzen wird unter Bezeichnung Oppanol „O“, „OL“, „ORG“ und „BA“ geliefert. Oppanol O und OL dienen zur Kabelisolierung, Oppanol „OL“ wegen des geringen kalten Flusses dieser Sorte zur Herstellung von Dichtungsringen. Oppanol ORG wird vorzugsweise im chemischen Korrosionsschutz zur Auskleidung von Behältern verwendet. Das Material ist absolut wasserundurchlässig und gegen viele Agenzien beständig. Oppanol-„BA“-Folie ist speziell für das Baugewerbe entwickelt. Das Material ist unempfindlich im Temperaturbereich von —30 bis +60° C.

Anwendung: Die niedermolekularen Oppanol-B-Typen werden zur Herstellung von Klebstoffen, Pflastern, Raupenleim und zur Verbesserung des Viskositätsindex von Schmieröl usw. verwendet, die festen Produkte in der Elektrotechnik als Isolationswerkstoffe. Günstig sind die geringen dielektrischen Verluste, die in derselben Höhe wie bei Polyäthylen und Polystyrol liegen. Ein großes Anwendungsgebiet liegt in der Auskleidungstechnik zum Korrosionsschutz von metallischen Behältern. Auch Holz- oder Betonbottiche lassen sich gut auskleiden. Rohre werden mit Schläuchen ausgekleidet. Das Material ist physiologisch einwandfrei, sodaß auch Behälter für Nahrungsmittel damit ausgekleidet werden können. Auch an Schweißstellen sind keine Einwirkungen zu befürchten. Jedoch ist bei Verwendung von Klebstoffen Vorsicht geboten.

Oppanol BA wird ferner verwendet als Dichtungs- und als Isolationsfolien gegen Feuchtigkeit im Bauwesen, zur Isolierung gegen Grundwasser, Abdichtung von Tunnels, Kanälen, Talsperren usw. Eine Begrenzung des Anwendungsbereiches gibt der je nach Oppanolsorte mehr oder minder starke kalte Fluß.

3. Polyamid weich. Um die Geschmeidigkeit und die Weichheit zu erhöhen kann Polyamid in ähnlicher Weise mit Weichmachern verarbeitet werden, wie dies bei PVC der Fall ist. Das Material hat mehr leder- als weichgummiartigen Charakter. Für Igamid sind spezielle Weichmacher entwickelt, da die für PVC gebräuchlichen mit Igamid nicht verträglich sind. Bisher gibt es noch keinen Weichmacher, der gegen Wasser absolut beständig ist. Bei längerer Wasserlagerung wird der Weichmacher aus dem Material herausgelöst, sodaß der Kunststoff erhärtet. Das Material ist aber gegen Schmieröl und Treibstoff beständig, unbeständig ist es gegen Alkohol und starke Säuren und Laugen. Durch Recken kann die Zugfestigkeit von 250 kg/cm² auf ca. 600 kg/cm² gesteigert werden. Abb. 29 zeigt das Schema einer kontinuierlich arbeitenden Igamidband-Reckmaschine. Die Walze *a* hat eine kleinere Umlaufgeschwindigkeit als die Walze *b*.

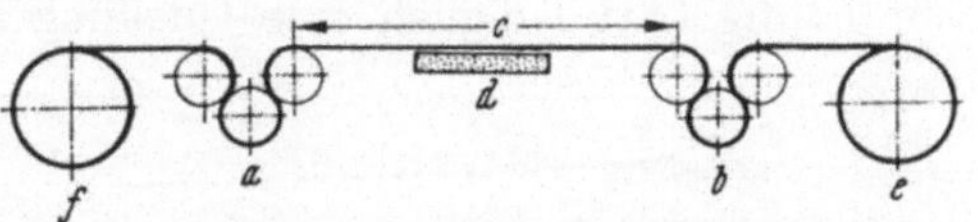

Abb. 29. Schema einer kontinuierlich arbeitenden Igamidband-Reckmaschine. a aufspulendes Rollensystem, b abspulendes Rollensystem c Reckstrecke, d Heizvorrichtung, e Rolle mit ungerecktem Band, f Rolle mit gerecktem Band.

Das gereckte Material hat eine elastische Dehnung von 50—100%. Der Vorteil dieses Materials gegenüber PVC und Oppanol liegt in den mechanischen Festigkeitswerten und der guten Verschleißfestigkeit. Hieraus ergeben sich die Anwendungsgebiete: Treibriemen, Packungen, Dichtungen, Kunstleder für hohe Beanspruchungen.

III. Die Beständigkeit der Thermoplaste.

1. Vergleich mit Metallen. Die *chemische* Beständigkeit der Kunststoffe ist im Vergleich mit den Metallen außerordentlich gut. Dies liegt vor allem daran, daß der Angriff der Metalle vorzugsweise auf elektrochemischem Wege erfolgt und diese Angriffsart bei den Kunststoffen nicht möglich ist, weil sie praktisch keine Ionen bilden.

Den *Korrosionsangriff* bestimmt man bei den Metallen nach dem Gewichtsverlust. Der Gewichtsverlust wird auf Zeit und Oberflächeneinheit bezogen und als Angriff in g/m² Tag oder bei Berücksichtigung des spezifischen Gewichtes in Wand-

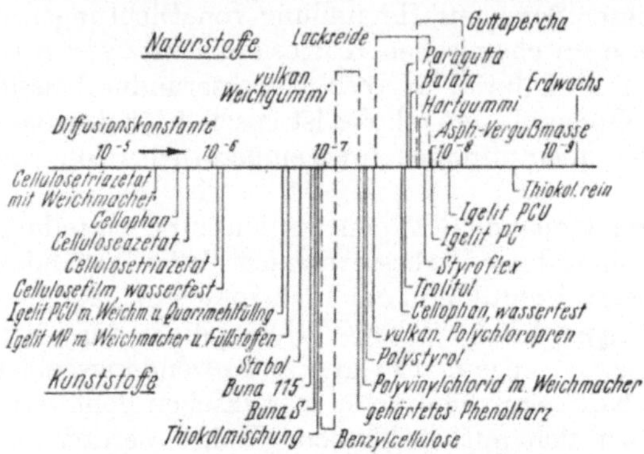

Abb. 30. Diffusionskonstanten für Wasser bei Natur- und Kunststoffen (nach SCHULZ).

Abb. 31a. Quellung ohne Solvatation (z. B. PVC in Wasser).

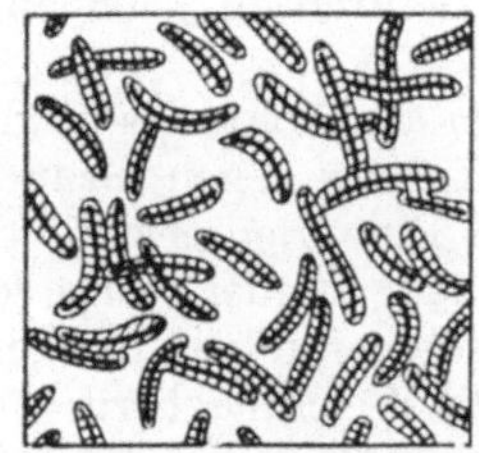

Abb. 31b. Quellung mit Solvatation der Einzelmoleküle (z. B. PVC in Benzol) (nach BUCHMANN).

stärkenverlust in mm/Jahr gemessen. Der Vorgang der Korrosion der Metalle ist außerordentlich verwickelt. Die Angriffszahlen allein reichen oft nicht aus, um ein klares Bild über die Brauchbarkeit der Metalle zu gewinnen, da nicht allein die gleichmäßige Abtragung maßgebend ist, sondern Lochfraß, transkristalline Spannungskorrosion oder interkristalliner Angriff, der das Gefüge des Materials lockert. Der chemische Angriff der Kunststoffe ist nicht nur seltener, sondern tritt auch in einfacherer und übersichtlicherer Form auf als bei den Metallen. Die einfachste Art des Angriffs ist die Auflösung des Kunststoffes durch ein chemisches Lösungsmittel. Eine derartige Auflösung ist nur bei den thermoplastischen, nicht bei den härtbaren Kunststoffen möglich. Als Maß für den Angriff kann in diesem Falle wie bei den Metallen der Gewichtsverlust oder die Abtragung in mm/Jahr angegeben werden.

2. Quellung. Der chemische Angriff erfolgt jedoch nicht immer, indem der Kunststoff aufgelöst wird, so daß also auch nicht immer ein Gewichtsverlust auftritt. Sehr häufig tritt lediglich eine Quellung auf, so daß statt des Gewichtsverlustes

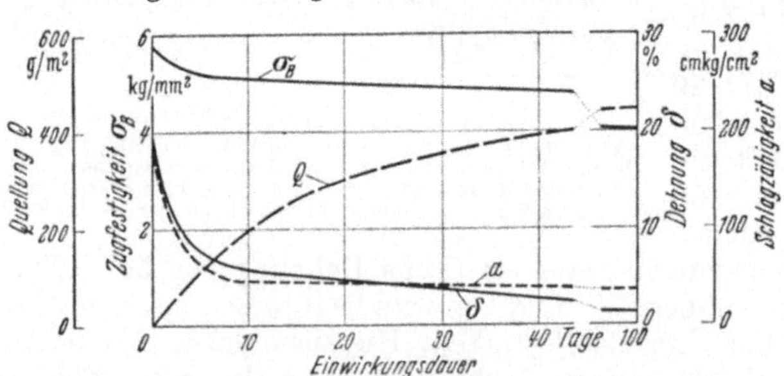

Abb. 32. Zeitlicher Verlauf der Quellung und Schädigung der Gütewerte von PVC (Probendicke 3 mm) in Wasser von 60° (nach BUCHMANN).

eine Gewichtszunahme festgestellt wird. Der Fremdstoff diffundiert von der Oberfläche aus in das Innere des Kunststoffes hinein, ohne den Zusammenhang des Materials vollständig zu lösen. Die in der Zeiteinheit als Dampf eindiffundierende Flüssigkeitsmenge ist dem Dampfdruckunterschied innen gegen außen proportional. Die Durchlässigkeitskonstante des Kunststoffes wird in g/cm·h·Torr angegeben (Gewicht/Wandstärke · Zeit · Druckdifferenz). Diese Diffusionskonstante ist für Folien für Verpackungszwecke oder bei Isolationsfolien von erheblicher Bedeutung. Die Diffusionskonstante für Wasser ist aus der Abb. 30 zu ersehen. Wir unterscheiden 2 Arten der Quellung: Quellung mit und ohne Solvatation (Lösbarkeit, Auflösung), die Abb. 31a und 31b zeigen schematisch diesen Unterschied.

a) Bei der *Quellung ohne Solvatation* (Abb. 31 a) schiebt sich das Angriffsmittel zwischen die Kunststoffteilchen und erzeugt so kleine Fehlstellen, die sich insbesondere bei hoher Kerbempfindlichkeit schädlich auswirken. Abb. 32 zeigt den Abfall von Festigkeit, Dehnung und Schlagzähigkeit von PVC durch die Quellung von Wasser. Man erkennt, daß die Hauptschädigung durch Kerbwirkung (Schlagzähigkeit a stark herabgesetzt) hervorgerufen wird. Die Verformungsfähigkeit, ausgedrückt durch die Dehnungszahl δ, ist stark vermindert. Der geringe Abfall der Zugfestigkeit zeigt, daß die Querschnittverminderung verhältnismäßig gering ist.

Die Schädigung ist nicht umkehrbar, d.h., wenn das Angriffsmittel nicht mehr wirkt und inzwischen aus dem Kunststoff wieder ausgetrocknet ist, bleibt die Beschädigung doch bestehen.

b) Die *Quellung mit Solvatation* erfolgt auf ganz andere Art. Das Quellungsmittel umhüllt die einzelnen Kunststoffmoleküle (Abb. 31b), so daß die zwischenmolekularen Reibungskräfte infolge des eingelagerten Fremdstoffes, der als Gleitmittel wirkt, herabgesetzt sind. Eine derartige Quellung bewirkt z. B. Benzol in PVC. Bei der Quellung von Wasser in PVC bilden die Wassertröpfchen infolge des Überwiegens von Kohäsions- und Oberflächenspannungskräften kompakte, in sich abgeschlossene Fremdkörper, die sich an diskreten Punkten in den Kunststoff einlagern. Es entsteht ein ungleichförmiges Gefüge. Dagegen nimmt Benzol die feinste physikalisch mögliche Verteilung an. Die Adhäsionskräfte zwischen Kunststoffteilchen und Benzol überwiegen. Das Benzol bildet keine abgeschlossenen Teilchen, sondern ist verschmiert über den ganzen Volumenquerschnitt, so daß ein gleichförmiges Gefüge entsteht. Das eingelagerte Benzol wirkt als Gleitmittel, so daß die Reibungskräfte zwischen den Kunststoffmolekülen stark vermindert sind und das Material weichgummiartigen Charakter bekommt (Abb. 33). Die Zerreißfestigkeit nimmt stark ab. Die Dehnung steigt mit wachsender Quellung an. Diese Quellung mit Solvatation nutzt man aus, um weiche Kunststoffe zu erzeugen. Der Angriff durch Lösung wird zur Herstellung von Lacken und zur Erzeugung dünner Folien infolge Verdunstung des Lösungsmittels angewendet.

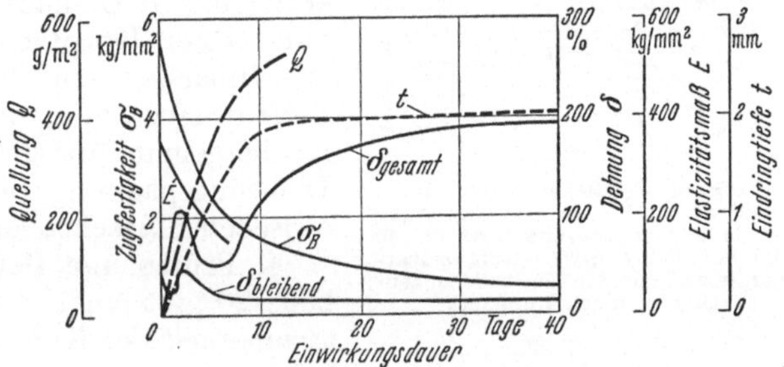

Abb. 33. Zeitlicher Verlauf der Quellung und Erweichung von PVC (Probendicke 4 mm) in Benzol von 20°.

3. Chemische Angriffe. Außer diesen erwähnten Angriffsarten physikalischer Art, wobei also keine chemische Reaktion stattfindet, gibt es noch die Schädigung der Kunststoffe durch Angriff mit chemischer Umsetzung, z. B. Angriff von Chlor auf PVC.

Alle Angriffsarten sind stark temperaturabhängig. Die Verhältnisse liegen hier ähnlich wie beim Angriff der Metalle. Hohe Temperatur bringt hohe Reaktionsgeschwindigkeit und dadurch verstärkten Angriff mit sich. Es ist zu beachten, daß eine höhere Konzentration des Angriffsmittels nicht immer eine Steigerung des Einflusses bewirkt. Abb. 34 zeigt die Quellung in g/m² Oberfläche in Abhängigkeit von der Zeit und der Konzentration einer *Kochsalzlösung*. Bei Metallen würde die salzreichere Lösung sicher höheren Angriff bewirken. Bei Kunststoff ist die elektrische Leitfähigkeit der Lösung aber nicht wirksam. Eine chemische Umsetzung findet auch nicht statt, wirksam ist lediglich das Wasser, so daß der Abfall des Angriffes mit steigendem Kochsalzgehalt verständlich ist. Die Erhöhung der Beständigkeit mit wachsender Konzentration des Angriffsmittels gilt nicht nur für Salzlösungen, sondern ebenso für andere wässerige Lösungen, sofern keine chemische Umsetzung stattfindet. Sie gilt also bei PVC auch für Salzsäure, Natronlauge usw. Bei stark *oxydierenden* Mitteln, z. B. Kaliumpermanganat und warmer Salpetersäure, steigt dagegen der Angriff mit der Konzentration des Angriffsmittels.

Der Angriff kann durch Flüssigkeiten oder Gase erfolgen. U. U. kann die Reaktion auch zwischen zwei festen Körpern eintreten. Es kann z. B. der Weichmacher von einem hochweichmacherhaltigen Stoff in einen anderen Stoff mit geringerem Weichmachergehalt übergehen. Dies ist z. B. bei einer Dichtungspackung aus weichgestelltem Material zwischen Flanschen aus hartem Kunststoff möglich.

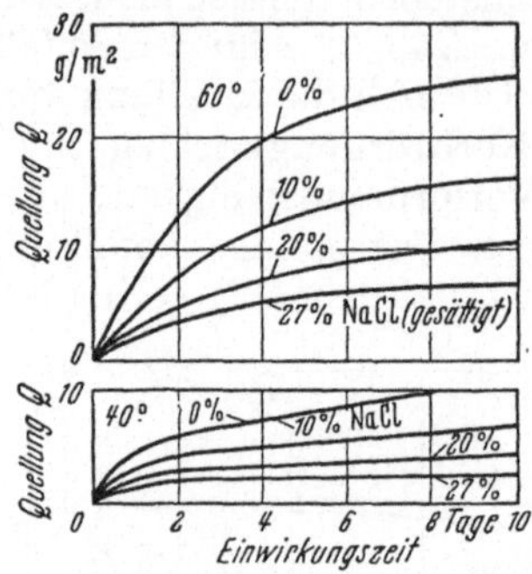

Abb. 34. Zeitlicher Verlauf der Quellung von PVC in Kochsalzlösung verschiedener Konzentration bei 40 und 60°. Der Angriff ist um so stärker, je geringer die Kochsalzkonzentration ist (nach BUCHMANN).

4. Prüfen und Bewerten der Beständigkeit. Tabelle 20 gibt einen Anhalt über die praktische *Verwendbarkeit* der Kunststoffe. Schon geringe Verunreinigungen des Angriffsmittels können ein ganz anderes Verhalten bewirken. Die Kunststoffhersteller und Verarbeiter verfügen über reiche Erfahrungswerte, die täglich ergänzt werden. Es wird deshalb dringend empfohlen, vor der Herstellung einer kostspieligen Anlage die Erfahrungswerte anderer Stellen zu berücksichtigen und, falls eigene Versuche notwendig sind, die Versuchsbedingungen den Betriebsbedingungen soweit wie irgend möglich anzugleichen. Die Bewertung muß ebenfalls der Betriebsbeanspruchung entsprechen. Die Beurteilung nach der Veränderung der elektrischen Werte ist am empfindlichsten, sie soll aber nur dann angewandt werden, wenn die elektrischen Werte von praktischer Bedeutung sind. Als Indikator für andere Schädigungen sind elektrische Daten selten geeignet, da man leicht ein zu ungünstiges Urteil erhält. Ändern sich die elektrischen Daten nicht, so tritt auch keine Änderung der mechanischen Eigenschaften ein. Die Gewichtszunahme und die Gewichtsabnahme geben ein orientierendes Bild. Quellung und Lösung haben aber gewichtsmäßig entgegengesetzte Wirkungen, wohingegen sie sich in der Schädigungswirkung addieren.

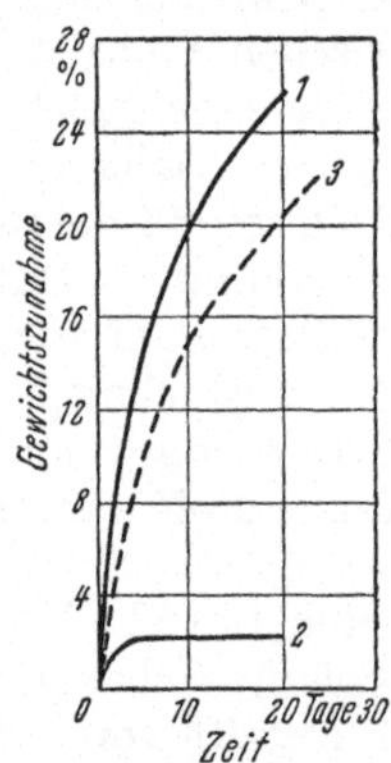

Abb. 35. Wasseraufnahme von PVC weich bei Lagerung in destilliertem Wasser (Kurve 1), feuchter Luft (Kurve 3) und gesättigter Kochsalzlösung (Kurve 2) (n. LEUCHS).

Zur Beurteilung der chemischen Beständigkeit prüft man zweckmäßig die Gewichtsveränderung, Änderung der Abmessungen und daneben die mechanischen Werte. Volumenveränderungen können erhebliche Spannungen und dadurch Risse hervorrufen. Ein Bild über die Volumenveränderung erhält man sehr schnell, indem man einen Probestreifen einseitig abdeckt und so dem Angriffsmittel aussetzt. Durch die Krümmung des Streifens erhält man schon bald einen Überblick über das voraussichtliche Maß der Schädigung.

Der Angriff ist nicht nur von der *chemischen* Zusammensetzung des Kunststoffes abhängig, sondern auch von der *physikalischen* Struktur. Gerecktes Material oder Material, das unter Spannungen steht, wird parallel und senkrecht zur Verformungs- bzw. Spannungsrichtung unterschiedlich angegriffen. Hierdurch können Rißbil-

Tabelle 20. *Beständigkeitsliste der im Korrosionsschutz am häufigsten verwendeten Thermoplaste (n. = nicht; bed. = bedingt; best. = beständig).*

Angreifendes Mittel	Temp.	PVC hart	Polyisobutylen	Polyäthylen
Abgase, fluorwasserstoffhaltig	60°C	best.	best.	best.
Abgase, kohlensäurehaltig	60° C	best.	best.	best.
Abgase, nitrosehaltig	60° C	best.	best.	best.
Abgase, salzsäurehaltig	60° C	best.	best.	best.
Abgase, schwefeldioxydhaltig	60° C	best.	best.	best.
Abgase, schwefelsäurehaltig	60° C	best.	best.	best.
Äthylalkohol, wässrig jeder Konzentration	40° C	best.	best.	best.
Ameisensäure bis 50%	40° C	best.	best.	best.
Ameisensäure, konzentrert	20° C	best.	bed. best.	bed. best.
Ammoniak, trocken	60° C	best.	best.	best.
Ammoniak, wässrig	40° C	best.	best.	best.
Arsensäure bis 80%	60° C	bed. best.	best.	best.
Benzin	60° C	best.	n. best.	n. best.
Bleichlauge 12,5% Cl	40° C	bed. best.	bed. best.	bed. best.
Bromsäure, wässrig 10%	20° C	best.	best.	best.
Butanol, wässrig, in Spuren	20° C	best.	best.	best.
Benzol	60° C	n. best.	n. best.	n. best.
Chlorsäure, wässrig bis 50%	20° C	best.	best.	—
Chromsäure, wässrig bis 50%	40° C	best.	bed. best.	—
Diglykolsäure, wässrig 30%	60° C	bed. best.	best.	best.
Entwickler, photographische	40° C	best.	best.	best.
Essigsäure bis 25%	40° C	best.	best.	best.
Essigsäure bis 25%	60° C	bed. best.	best.	best.
Essigsäure 95%	40° C	bed. best.	bed. best.	—
Formaldehyd, wässrig, 40%	60° C	best.	best.	—
Photo-Fixierbäder	40° C	best.	best.	—
Glycerin, wässrig	60° C	best.	best.	best.
Kalilauge, wässrig 40%	40° C	best.	best.	best.
Kalilauge, wässrig 40%	60° C	bed. best.	best.	best.
Kalilauge, wässrig 60%	60° C	best.	best.	best.
Kohlensäure, trocken	60° C	best.	best.	best.
Kohlensäure, feucht	40° C	best.	best.	best.
Kohlensäure, feucht	60° C	bed. best.	best.	best.
Methylalkohol, wässrig jed. Konzentration	40° C	best.	best.	best.
Milchsäure, wässrig bis 10%	40° C	best.	best.	best.
Natronlauge, wässrig 40%	40° C	best.	best.	best.
Natronlauge, wässrig 60%	40° C	bed. best.	best.	best.
Natronlauge, wässrig 60%	60° C	best.	best.	best.
Öle und Fette	60° C	best.	n. best.	n. best.
Oxalsäure, wässrig, verdünnt	40° C	best.	best.	best.
Oxalsäure, wässrig, verdünnt	60° C	bed. best.	best.	best.
Oxalsäure, wässrig, gesättigt	60° C	best.	best.	best.
Ozon	20° C	best.	best.	best.
Phosphorsäure, wässrig 30%	40° C	best.	best.	best.
Phosphorsäure, wässrig b. 30%	60° C	bed. best.	best.	best.
Phosphorsäure, wässrig über 30%	60° C	best.	best.	best.
Salpetersäure bis 30%	40° C	best.	best.	best.
Salpetersäure 30 bis 45%	50° C	best.	bed. best.	bed. best.
Salzsäure, wässrig bis 30%	40° C	best.	best.	best.
Salzsäure, wässrig bis 30%	60° C	bed. best.	best.	best.
Salzsäure, wässrig über 30%	60° C	best.	best.	best.
Sauerstoff jede Konz.	60° C	best.	best.	best.
Schwefeldioxyd	40° C	best.	best.	best.
Schwefelsäure bis 40%	40° C	best.	best.	best.
Schwefelsäure bis 40%	60° C	bed. best.	best.	best.
Schwefelsäure 40—80%	60° C	best.	bed. best.	bed. best.
Schwefelsäure 80—90%	40 C°	best.	bed. best.	bed. best.
Schwefelsäure 96%	20° C	best.	bed. best.	bed. best.
Schwefelsäure 96%	60° C	bed. best.	n. best.	bed. best.
Seewasser	40° C	best.	best.	best.
Seewasser	60° C	bed. best.	best.	best.
Wasser	40° C	best.	best.	best.
Wasser	60° C	bed. best.	best.	best.
Wasserstoff	60° C	best.	best.	best.

dungen in Reckrichtung entstehen. Diese Erscheinungen kann man ausnutzen, um festzustellen, ob in nicht durchsichtigen Kunststoffen Spannungen vorhanden sind. Man lagert den Kunststoff in einem schwach angreifenden Mittel und untersucht die Rißbildung. Bei transparenten Kunststoffen lassen sich die Spannungen einfacher im polarisierten Licht erkennen.

Die *Wasseraufnahme* von weichgemachtem PVC ist aus der Abb. 35 zu ersehen. Auch hier zeigt sich, daß die Wasseraufnahme aus einer Kochsalzlösung bedeutend

Tabelle 21. *Chemikalienbeständigkeit von Weichmipolam aus verschiedenen PVC-Sorten und Weichmachern (Zusammensetzung 55 Gew.-Tle. PVC, 45 Gew.-Tle. Weichmacher) Weichheitszahl 45—60, Shorehärte 70—60* (nach Saechtling [7].

Angriffsmittel: Temperatur °C	Wasser 20 40 60	NaCl, 1n (5,9%) 20 40 60	NaCl, 25% 20 40 60	NaOH 1n (4,0%) 20 40 60	HCl 1n (3,6%) 20 40 60	HCl 40% 20 40 60	H_2SO_4 32% 20 40 60	H_2SO_4 60% 20 40 60	HNO_3 1n (6,3%) 20 40 60	CH_3COOH 1n (6,0%) 20 40 60	Trafo- oder Schmieröl 20 40 60
Trikresylphosphat											
mit Vinnol HH	= + +	= = =	= = =	× × ○	= = +	+ + +	= = =	○ ○ ○	= + ●	+ + +	+ ○ —
mit Igelit PCU, Marke G	+ ● ●	+ + +	= = =	+ × ○	+ + +	+ + +	= = +	+ × ○	+ ● ●	+ ● ●	○ ○ —
Mesamoll											
mit Vinnol HH	+ + +	= = =	= = =	+ + ○	= + +	+ +	= = +	+ + ×	+ + ●	+ + ●	○ — —
mit Vestolit PVC, Marke G	+ ● ●	+ + +	= = =	+ ○ ○	+ + ●	+ +	= = +	+ + ○	+ ● —	● ● —	○ — —
Dioctylphthalat											
mit Vinnol HH	= + +	= = =	= = =	+ + ○	= = =	+ ○ —	= = +	× + —	+ + ●	+ + ●	○ — —
mit Vestolit PVC, Marke G	+ ● ●	+ + +	= = =	+ × ○	+ + +	+ ○ —	× × ×	× ○ ○	+ ● ●	+ ● —	○ — —
Plastomoll TAH											
mit Vinnol HH	+ + +	= = =	= = =	× × ○	= = =	— — —	× × ○	○ — —	— ● ●	+ ○ —	— — —
mit Igelit PCU, Marke G	● ● ●	+ + +	= = =	× ○ —	+ + ○	○ — —	× × ○	○ — —	○ — —	● ● —	— — —

	Quellung bei 32 Tg Lagerung im Mittel				Herauslösung nach anschließender Trocknung (18 Tg)			
Zeichenerklärung:	Zeichen	Lin. Quellung %	Gewichtszunahme g/m²	etwa Gew. %	Zeichen	Gewichtsabnahme g/m²	etwa Gew. — %	Abnahme der Weichheit %
1) praktisch unveränderlich	=	etwa 0	< 10	< 0,7	=	< 2	< 0,15	unmeßbar
2) praktisch beständig	+	< 2	10 bis 60	0,7 bis 4,5	×	2 bis 10	0,15 bis 0,8	< 5
3) bedingt beständig	●	2 bis 5	60 bis 200	4,5 bis 15	○	10 bis 100	0,8 bis 8	5 bis 10
4) nicht beständig	—	> 5	> 200	> 15	—	> 100°	> 8	> 10

geringer ist als aus destilliertem Wasser. Die Quellung in feuchter Luft (Kurve 3) ist sogar erheblich größer als in einer gesättigten Kochsalzlösung (Kurve 2). Die Wasseraufnahme von PVC ist aber nicht nur von der Art des angreifenden Mediums sondern in starkem Maße vom Weichmacher und von der Art des PVC, insbesondere vom Emulgatorgehalt abhängig. Tabelle 21 zeigt den Einfluß des Weichmachers [7]. Leuchs [8] untersuchte die 4 in der Tabelle 22 angegebenen PVC-Mischungen. Die Wasseraufnahme dieser Mischungen in Abhängigkeit von der Zeit ist schematisch in Abb. 36 wiedergegeben. Es zeigt sich, daß die emulgator- und elektrolytfreien Sorten nur eine geringe Quellung zeigen. Bei der Gruppe 4 kommt zum Ausdruck, daß Quellung und Lösung gleichzeitig wirken, anfänglich überragt die Wirkung der Quellung, später überschreitet die Lösung das Maß der Quellung, so daß in diesem Falle, etwa vom 20. Tage ab, eine Gewichtsverminderung eintritt. Mit der Gewichtsabnahme trat gleichzeitig eine Trübung des Wassers ein, so daß auch hieran die lösende Wirkung erkennbar ist. Auch das Material selbst zeigt eine

Tabelle 22. *PVC-Mischungen, deren Wasseraufnahme in Abb. 36 gezeigt ist.*

PVC	Weichmacher
Gruppe 1: emulgator- und elektrolytfrei . . .	Phthalsäureester oder Mesamoll
Gruppe 2: emulgator- und elektrolytfrei . . .	Fettsäureester
Gruppe 3: emulgator- und elektrolythaltig . .	Phthalsäureester oder Mesamoll
Gruppe 4: emulgator- und elektrolythaltig . .	Fettsäureester

Tabelle 23. *Zusammensetzung der zu den Versuchen benutzten Proben.*

Lfd. Nr.	Mischungs-gruppe	Zusammensetzung		
		PVC	Weichmacher	Bemerkungen
1	1	72,5 Vinnol HH	27,5 Palatinol AH	K-Wert 79
2	1	65 Vinnol HH	35 Diamylphthalat	K-Wert 79
3	1	75 Vinnol HH	25 Vestinol AH	K-Wert 79
4	1	75 Vestolit 144	25 Vestinol AH	K-Wert 70, gereinigtes Emulsionspolymerisat
5	2	75 Vinnol HH	25 Wi 4	—
6	3a	75 Vestilit 105	25 Vestinol AH spezial	emulgatorfrei mit 0,2% Soda
7	3a	75 Vestolit Kg	25 Vestinol AH	emulgatorfrei mit 0,2% Soda
8	3	75 Igelit PCU	25 IW 100	—
9	3	75 Vestolit GH	25 Vestinol AH	K-Wert etwa 80
10	3	75 Vestolit G	25 Vestinol AH	K-Wert etwa 70
11	3	75 Vestolit GN	25 Vestinol AH	K-Wert etwa 63
12	3	75 Igelit PCU	25 Vestinol AH	—
13	3b	71 Igelit PCU	30 Teolan P	Weichmacher unverseifbar
14	3b	70 Igelit PCU	30 Vulkanol B	Weichmacher unverseifbar
15	—	80 Vestolit K	20 G 709	—
16	—	75 Igelit PCU	25 Plastomoll WH	Weichmachermolekül klein
17	4	75 Vestolit K	25 IW 40	—
18	4	80 Igelit PCU	20 IW 40	—
19	4	75 Igelit PCU	25 W 14	—

Tabelle 24. *Volumenänderung beim Quellen.*

Lfd. Nr.	Mischungs-gruppe	Dicken-änderung %	Längen-änderung %	Volumen-änderung $\Delta V\%$	Gewichts-änderung $\Delta G\%$	Verhältnis $\Delta V/\Delta G$ etwa
1	1	2	—5,5	—1,0	2,0	—0,5
2	1	3	—4,2	1,7	2,1	0,8
3	1	3,1	—5,0	1,9	4,6	0,4
4	1	4,5	—6,8	2,0	5,8	0,4
5	2	2,5	—2,0	3,4	3,7	0,0
6	3a	7	—3,2	11	13	0,0
7	3a	7,5	--2,0	13	13	1
8	3	13,6	3,7	36	32	1,1
9	3	16,5	—0,2	37	36	1
10	3	17,3	2,2	41	41	1
11	3	18,3	5,0	47	44	1,1
12	3	20,2	8,0	56	55	1
13	3b	17,3	8,1	51	51	1
14	3b	19,1	7,1	51	48	1,1
15	—	11,6	2,4	28	22	1,3
16	—	19,5	—0,3	42	25	1,7
17	4	12,5	0,5	33	23	1,4
18	4	13,2	4,7	34	26	1,3
19	4	15,6	6,0	47	32	1,5

Trübung, während die emulgator- und elektrolytfreien Weich-PVC-Gruppen keine Trübung erfahren. Durch besondere Versuche mit ausgewaschenem Material wurde festgestellt, daß der Emulgator der wesentlichste Bestandteil ist, der das Quellungsverhalten des Weich-PVC bestimmt [8]. Den Einfluß des Elektrolytgehaltes und des

Tabelle 25. *Diffusionskonstanten D verschiedener Mischungen.*

Lfd. Nr.	1	2	3	4	5	6	7	8	9	10
Gruppe	1	1	1	1	2	3a	3a	3	3	3
D	2,2	3,0	2,6	2,0	2,3	2,1	2,4	2,1	2,0	2.4

Lfd. Nr.	11	12	13	14	15	16	17	18	19
Gruppe	3	3	3b	3b	—	—	4	4	4
D	2,4	2,1	1,5	1,1	2,1	2,5	16,0	15,3	20,1

Molekulargewichtes zeigen die Tabellen 23 und 24. Hohes Molekulargewicht (hoher K-Wert) setzt die Quellung herab.

Der starke Einfluß des Emulgators, der bei der Wasseraufnahme von PVC-Weich gefunden wurde, besteht bei der Wasserdurchlässigkeit nicht. Dagegen ergibt eine Kombination von emulgatorhaltigem Material und Fettsäureester als Weichmacher eine Erhöhung der Diffusion von Wasser. Die Wasserdurchlässigkeit verschiedener PVC-Schläuche kann man nach LEUCHS sehr einfach durch die Halbdurchlässigkeitseigenschaften des Materials prüfen. Man taucht einen mit konzentrierter Salzlösung gefüllten Schlauch in ein Becherglas, das mit destilliertem Wasser gefüllt ist. Die Enden des Schlauches ragen aus dem Becherglas heraus und sind so befestigt, daß der Pegelstand im Schlauch gemessen werden kann. Da der Wasser-Dampfdruck außen vom Schlauch größer als innen ist, diffundiert das Wasser von außen in den Schlauch hinein. Die Höhe des Wasserspiegels ist ein Maß für die Durchlässigkeit des Schlauches. Aus der Tabelle 25 ist zu erkennen, daß die Gruppe 4 die größte Durchlässigkeit aufweist. Der hohe Wassergehalt des Materials kann bei Gleichstromleitungen, die mit Weich-PVC isoliert sind, zu Schäden führen, da der Wassergehalt eine Elektrolyse ermöglicht. Derartige Schäden werden immer am negativen Pol der Leitung beobachtet.

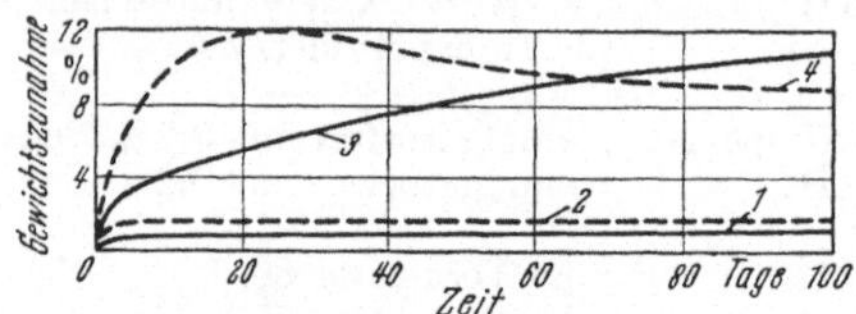

Abb. 36. Wasseraufnahme von unterschiedlichen PVC-Qualitäten (vgl. Tab. 10) schematisch.

IV. Verarbeitung und Bearbeitung.

1. Spanlose Formung. Eine der hervorragendsten Eigenschaften der Thermoplaste ist die beliebig oft wiederholbare Verformbarkeit in der Wärme. Bei Raumtemperatur sind die Thermoplaste nur beschränkt verformbar. Das Kaltziehen dieser Werkstoffe ist deshalb nur bedingt möglich, nur bei Verformung unter allseitigem Druck sind große Dehnungen möglich. Eine werkstoffgerechte Verformung erfolgt zweckmäßig oberhalb der Einfriertemperatur im weichen, gummielastischen Zustand. Das Material wird warm verformt und in der Einspannung abgekühlt, so daß die Verformung „stabil" eingefroren wird. Das Werkstück behält die neue Form auch über lange Zeiten maßhaltig bei, sofern das Bauteil nicht über die Einfriertemperatur hinaus erwärmt wird. Geschieht das aber, so strebt das Material seine ursprüngliche Form wieder an. Bei der Vorbereitung, dem Zuschneiden des Halbzeuges, ist zu beachten, daß das Material in der Wärme in Längs- und Querrichtung schrumpfen und an Dicke zunehmen kann. Diese Maßveränderungen sind um so größer, je höher die Verformungstemperatur gewählt wird, und sind wesentlich vom Herstellungsgang des Materials abhängig. Um die Größe der Schrumpfwege zu bestimmen, schneidet man sich zweckmäßig ein Stück Material bestimmter Größe, z. B. aus einer Platte ein Quadrat 4×4 cm, erwärmt es einige Minuten auf die gewählte Verformungstemperatur und bestimmt so die Schrumpfung für das betreffende Halbzeug. Die Abhängigkeit der Schrumpfwege von Verformungstemperatur und Zeit ist für ein Beispiel in Abb. 37 dargestellt. Diese Schrumpfung kann auch vorweggenommen werden, indem das Material vor der Zurichtung auf die Verformungstemperatur gebracht wird. Die größten Verformungswege sind dicht oberhalb der Einfriertemperatur zu erreichen. Im allgemeinen werden vom Kunststoffhersteller günstige Verformungstemperaturen empfohlen. Bei PVC gilt 130° als geeignete Temperatur. Wenn sehr große Verformungen erforderlich sind, ist es zweckmäßig, niedrigere Temperaturen zu wählen. Je höher die Verformungstemperatur gewählt wird, desto geringer ist das Rückstellbestreben, die Verformung ist stabiler. Je höher die Temperatur gewählt wird, desto leichter treten jedoch während der Verformung Risse auf. Hierdurch ist die Höhe der Temperatur begrenzt, sofern nicht unter allseitigem Druck verformt werden kann. Hohe Ver-

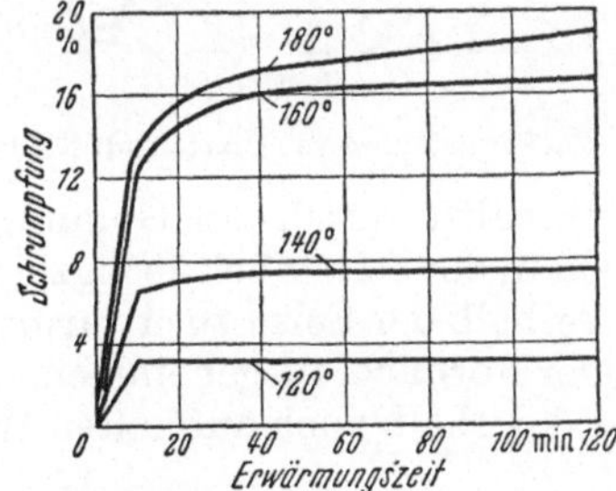

Abb. 37. Schrumpfung einer handelsüblichen harten PVC-Folie in Walzrichtung in Abhängigkeit von der Erwärmungszeit und der Temperatur.

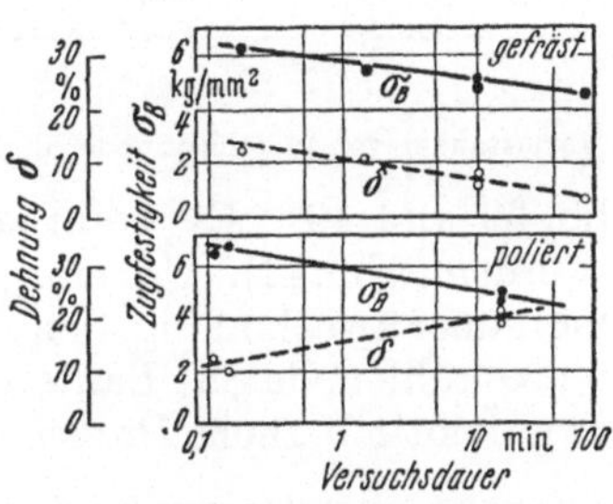

Abb. 38. Einfluß feiner Oberflächenkerben auf Zugfestigkeit und Dehnung von PVC (nach BUCHMANN).

formungsgeschwindigkeit vermindert die Rißgefahr. Abb. 23 zeigt die Abhängigkeit der möglichen Verformung von der Verformungstemperatur und der Verformungsgeschwindigkeit. Diese Kurven sind an Material mit polierter Oberfläche gefunden. Bei spangebend bearbeiteter Oberfläche sind wegen der Kerbempfindlichkeit des Materials auch unter der ET lange Verformungszeiten zu vermeiden. Abb. 18 und 38 zeigen die Abhängigkeit der Festigkeit und der Dehnung von der Oberflächengüte. Der Einfluß der Kerben auf die Dauerstandfestigkeit ist sehr groß, deshalb ist bei jedem Verarbeitungsgang auf die Vermeidung von Kerben besonders zu achten. Da die Gefahr der Bildung kleiner Anrisse bei der Warmformgebung um so größer ist, je höher die Verformungstemperatur gewählt wird, muß man zwecks Vermeidung von Spannungen mit der Erhöhung der Verformungstemperatur sehr vorsichtig sein. Dies ist nur unbedenklich, wenn das Material nur thermisch und nicht gleichzeitig mechanisch beansprucht wird.

Die *Erwärmung* soll gleichmäßig und ohne örtliche Überhitzung durchgeführt werden. Sie muß also genügend lange in strömender Luft mit verhältnismäßig geringer Übertemperatur vorgenommen werden. Zur Erwärmung von Rohren kann man warme Luft durch die Rohre blasen. Als Wärmeüberträger kann auch Öl verwendet werden, sofern der Kunststoff ölfest ist.

Die Erwärmung soll nicht allzu lange dauern, Wasser ist bei PVC als Erwärmungsflüssigkeit nur bei kurzzeitiger Einwirkung geeignet, weil warmes Wasser PVC verhältnismäßig stark angreift und die Oberfläche aufrauht. Erwärmung mit der offenen Flamme ist wegen der Gefahr der Überhitzung möglichst zu vermeiden und deshalb nur bei sehr vorsichtigem Arbeiten mit leuchtender Flamme möglich.

Durch Abdecken des Kunststoffes mit einem Drahtgewebe kann der Werkstoff
nach dem Prinzip der Grubenlampe vor direkter Flammenberührung geschützt
werden. Die Durchführung der Verformung soll so schnell wie möglich erfolgen,
schnelles Abkühlen in kaltem Wasser nach der Formgebung ist günstig. Falls notwendig, ist zur Verminderung der Restspannungen ein nachträgliches Tempern bei
mäßigen Temperaturen günstig. Die Verformung kann freihändig erfolgen. Rohre
werden zum Biegen zweckmäßig mit heißem Sand gefüllt. Man kann auch in das
Rohr einen Bunaschlauch einfügen, durch den warme Luft geblasen wird. Beim
Biegen muß innen Überdruck herrschen, damit der Kreisquerschnitt des Rohres
erhalten bleibt. Massenteile werden zweckmäßig mit Stempel und Matritze geformt,

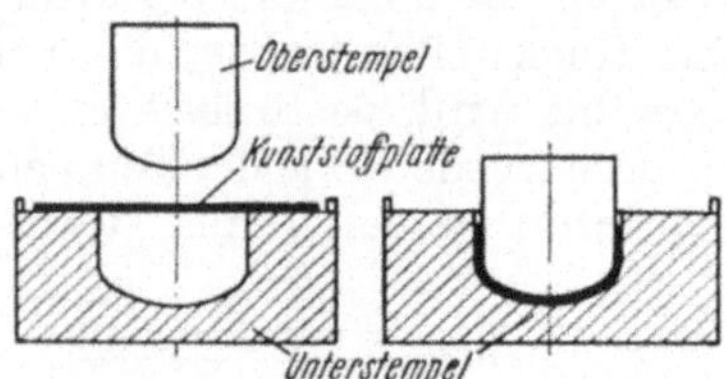

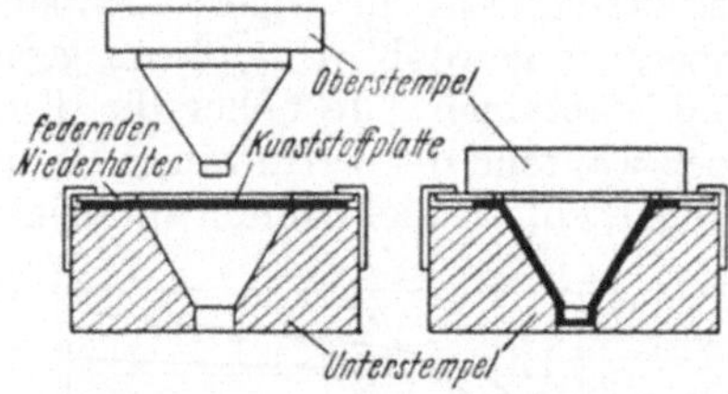

Abb. 39. Formstanzen von Platten ohne Niederhalter.   Abb. 40. Formstanzen von Platten mit Niederhalter.

vgl. Abb. 39 und 40. Es kann auch eine Formhälfte durch ein Gummipolster
ersetzt werden (Abb. 41). Um eine große Stückzahl in der Zeiteinheit fertigzustellen,
ist es fast immer zweckmäßig, den Kunststoff außerhalb der Form zu erwärmen und
die Form zu kühlen, da das Bauteil nur kalt aus der Form herausgenommen werden
kann. Das kontinuierliche Prägen von Folien wird deshalb auch auf kalten Walzen

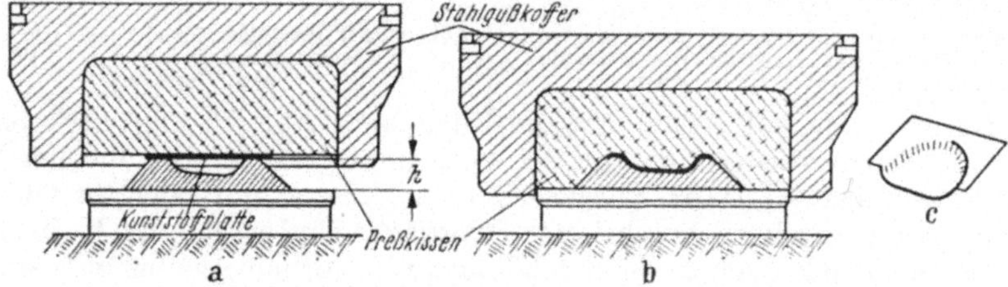

Abb. 41. Formstanzen von Platten mit Preßkissen aus Weichgummi oder anderem weichem elastischem
Kunststoff. a Kunststoffplatte eingelegt; b Kunststoffplatte verformt; c verformte Kunststoffplatte (im Schnitt).

vorgenommen. Die Folie wird kurz vor dem Auflaufen auf die profilierte Walze
erwärmt, so daß die von der kalten Walze erzeugten Prägungen eingefroren sind,
bevor die Folie die Walze verläßt. Auch hier kann es sich natürlich nur um eine
eingefrorene Verformung handeln. Durch Erwärmung geht die Prägung wieder
zurück, die Folie nimmt ihre alte glatte Form wieder an.

2. Spritzguß. Die Spritzgußtechnik ist praktisch auf thermoplastische Massen
beschränkt. Die Duroplaste sind ihrer chemischen Struktur nach für dieses Herstellungsverfahren weniger geeignet. Da die Spritzgußtechnik ein außerordentlich
billiges Herstellungsverfahren ist, um große Stückzahlen von Formkörpern schnell
herstellen zu können, ist dies eine der wesentlichen Ursachen, weshalb sich die Produktion der Kunststoffe von den Duroplasten laufend zu den Thermoplasten ver-
schiebt. Innerhalb der Thermoplaste sind die Zellulosemassen am einfachsten
spritzbar. Wenn keine hohen Anforderungen an das Material gestellt werden und
lediglich die bequeme Verarbeitbarkeit bzw. die Preisfrage entscheidend ist, wird
man Zelluloseazetat wählen. Die mechanischen Eigenschaften sind aber nicht so
günstig und die Spritzgußteile lassen sich nicht sehr genau maßhaltig herstellen.

Tabelle 26. *Eigenschaftstafel für deutsche Spritzguß- und Preßmassen.*

Spritzgußmassen		Höchste Gebrauchs-temperatur °C	Spritz-temperatur °C	Schlag-zähigkeit cmkg/cm²	Maß-haltig-keit	Verhalten in offener Flamme
Zelluloseazetat	Cellit W ⎫ Cellit M ⎬ * Cellit H ⎭	45 50 60	130 160 170	40 30 10	mäßig	brennt langsam
Polystyrol	Polystyrol III Polystyrol V Polystyrol VI	65 70 90	160 170 170	15 25 30	ausgez.	brennt langsam mit rußender Flamme
	Polystyrol EF Polystyrol EN Polystyrol EH	75 80 100	180 190 200	25 30 25	sehr gut	
Polymethakrylat	Plexigum M 272 Plexigum M 320	65 60	190 180	25 20	sehr gut	brennt langsam
Polyamid	Igamid A(Nylon) Igamid B(Perlon)	120 120	220 190	150 130	mäßig	brennt schlecht, schmilzt, verkohlt
Polyvinylchlorid	Igelit PCU Igelit MP Igelit MP S	65 55 50	180 160 110	60 80 60	gut	brennt nicht, verkohlt
Polyäthylen	Lupolen H	60 (100)	140	—	gut	brennt langsam, schmilzt
Preßmassen			Preßtemp. °C			
Phenolharzpreßmassen	Typ 31	120	160	6	gut	brennt schlecht, verkohlt
Harnstoffharzpreß-massen	Typ 131	75	145	5	gut	brennt kaum, verkohlt

* Azetylzellulosemassen werden unter verschiedenen Handelsnamen auf den Markt gebracht, z. B. Cellit, Trolit u. a. Das gleiche gilt für Polystyrol, das auch unter der Handelsbezeichnung Trolitul geliefert wird.

Darüber hinaus ist das Material brennbar, so daß der Anwendungsbereich beschränkt ist. Tabelle 26 gibt über die mechanischen Eigenschaften, Maßhaltigkeit und Brennbarkeit und über die Verarbeitungstemperatur der Spritzgußmassen im Vergleich mit 2 Preßmassen Aufschluß. Es ist schwer, die genauen Spritztemperaturen anzugeben, da diese sehr stark von der Bauart der Maschine abhängen. Die in der Tafel angegebenen Höchstwerte der Gebrauchs-Temperaturen sind nicht identisch mit der *Martens-* oder *Vicatprobe* (vgl. Abschn. VI, S. 60). Im allgemeinen geben die Martenswerte für die thermoplastischen Stoffe ein zu ungünstiges Ergebnis. Die in der Tabelle angegebenen Höchstgebrauchstemperaturen bedeuten, daß das Bauteil aus dem Material bis zu diesen Temperaturen ohne äußere Krafteinwir-

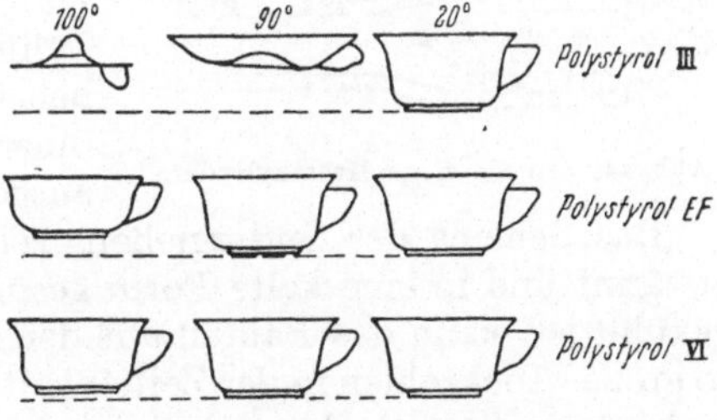

Abb. 42. Heißwasserformbeständigkeit von Polystyrol (nach BECK).

kung formbeständig ist. In Abb. 42 ist an diesem Beispiel erläutert, wie in diesem Falle die maximale Gebrauchstemperatur ermittelt ist. Die Abbildung zeigt Tassen, die aus Polystyrol III, Polystyrol EF und Polystyrol VI gespritzt sind und je ½ Std. in Wasser von 20°, 90° und 100° gelagert wurden.

Die Spritzgußtechnik ähnelt der des Metallspritzgießens weitgebend. Die meisten Maschinen haben ein Füllvolumen von 30—100 cm³. In Deutschland gibt es in Ausnahmefällen Maschinen bis zu einem Stückvolumen von 500 cm³, in Amerika bis zu 8000 cm³. Das Füllvolumen ist durch die Erwärmungsleistung der Maschinen begrenzt. Die Spritzgußmasse wird im allgemeinen in Form von Körnern eingefüllt und die Wärme durch Wärmeleitung von den Wandungen des Zylinders und eines beheizten Kerns in die Masse übertragen. Die Verflüssigungsleistung der Maschine nimmt bei größeren Massezylindern ab, so daß eine große Maschine nicht mit derselben Wirtschaftlichkeit wie eine kleine Maschine betrieben werden kann. Dies liegt an der schlechten Wärmeleitfähigkeit der Kunststoffe und der sinkenden Oberfläche im Verhältnis zum Volumen. Abb. 43 zeigt die Leistung einer Spritzgußmaschine in Abhängigkeit vom Schußgewicht. Die in der Preßtechnik der härtbaren Kunststoffe übliche Verwendung von Mehrfachformen ist bei der Spritzgußtechnik also nur bedingt anwendbar. Im allgemeinen wird man nur eine große Maschine verwenden, wenn das Bauteil diese Größe verlangt. Mehrfachformen sind nur zweckmäßig, wenn es sich um sehr kleine Teile handelt, z. B. Tubenverschlüsse. Wegen dieser Schwierigkeit der Wärmeübertragung in die Preßmasse wäre eine ideale Anwendung der Hochfrequenzenergie gegeben, da hierbei die schlechte

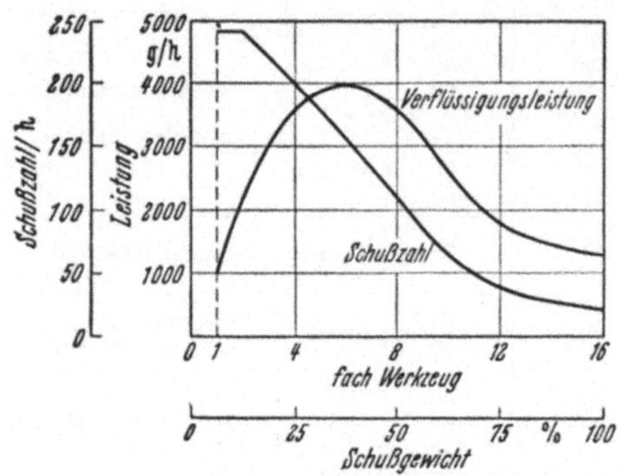

Abb. 43. Leistung einer Spritzgußmaschine in Abhängigkeit vom Schußgewicht (nach BECK).

Wärmeleitfähigkeit der Spritzgußmasse ohne Einfluß ist. Die Aufheizung erfolgt im Stoff über den ganzen Querschnitt gleichzeitig, so daß das Verhältnis von Oberfläche zu Volumen keine Rolle mehr spielt. Das am häufigsten verwendete Spritzgußmaterial Polystyrol hat aber einen außerordentlich geringen dielektrischen Verlustfaktor, so daß eine Hochfrequenzerhitzung praktisch nicht in Frage kommt. Diese Eigenschaft des Polystyrols ist für die Herstellung sehr hinderlich, ist aber für seine Anwendung als elektrisches Isolationsmaterial außerordentlich günstig; dasselbe gilt für Polyäthylen und Polyisobutylen. Eine leichtere Durchwärmung des Materials, als sie sich bei den Zylindern und Kolben ergibt, läßt sich durch eine beheizte Schnecke erreichen, wobei dann noch die innere Reibungswärme für die Erweichung mit ausgenutzt werden kann.

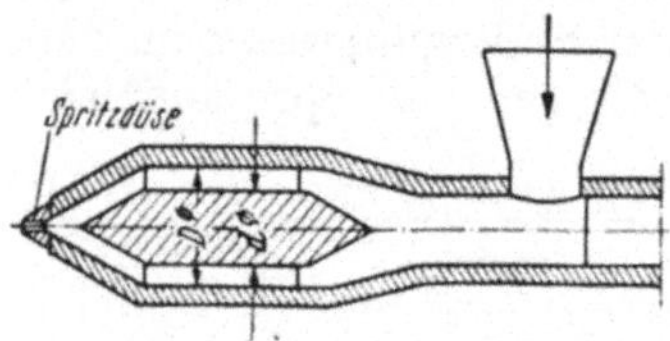

Abb. 44. Schema eines Massezylinders.

Das Schema des Spritzgießens zeigt Abb. 44. Das Material wird im Zylinder erwärmt und in eine kalte Form gespritzt. Sobald das Material unter die ET abgekühlt ist, kann das Bauteil aus der Form herausgenommen werden. Man erzielt so große Stückzahlen in der Zeiteinheit. Innere Spannungen lassen sich hierbei aber nicht vermeiden, insbesondere wenn die Form, um hohe Stückzahlen zu erzielen, wassergekühlt wird. Da das Bauteil nur von außen gekühlt werden kann, sind außerordentlich hohe Spritzdrucke notwendig, um Schrumpflunker während des Erstarrens im Innern des Körpers zu vermeiden. Der hohe Spritzdruck muß deshalb auch noch nach der Füllung der Form aufrechterhalten werden. Durch die ungleichmäßige Erstarrung entstehen erhebliche innere Spannungen, insbesondere an den Stellen großer Querschnittsänderungen am Bauteil. Diese inneren Spannungen können abgebaut werden, indem die Stücke nach dem Spritzen getempert werden. Hierbei darf die Temperatur jedoch die ET nicht erreichen. Bei Polystyrol hat sich eine Temperung von 1—3 Stunden bei 65—80° im Trockenschrank mit Luftumwälzung oder im Wasserbad bewährt. Es kann auch gleichmäßige Ultrarot-

Tabelle 27. *Gebräuchliche Klebelösungen* (n. SAECHTLING).

	Gleicher Werkstoff	Leder	Gewebe	Papier	Holz, Faserplatte	Gehärtete Preßstoffe	Stein, Beton	Metall
Polyvinylchlorid PVC	PC 20	Acronal-Dispersionen Cohevult ———————→			PC 13 AM		PC 13 AM ——→	PC 10 und PCA 20
Mischpolymerisat (Astralon)	Methylenchlorid (+2% konz. Ameis. S. +10% Astralonabfall) PCE 20 PCA 20	Acronal-Dispersionen ————————————————————→	PCA 20	Henkolkleber A 27 Dartex Kaltleim 75 Wärmekaschierung	PC 10		Haftkleber ————————————————→	
Weichgestellte Polyvinylchlorid-Kunststoffe	PC 10 PA 30 VP 1060	Acronal-Dispersionen ——————————————————→ Haftkleber ————————————————————————→					PC 10	PC 10+PCA 20 Acronal 500 D
Oppanol (Dynagen)	Benzol St III stabil St IV	St III stabil St IV ————————————→			Klebemittel I u. II, HS u. a. Heißbitumenkleber, trockenes Holz: St III stabil, St IV	St III stabil St IV	Heißkleber wie Holz / Haftkleber	St III stabil St IV
Polystyrol	Benzol	Klebeharz 10 ————————————→ ,, 110 ————————————→				Klebeharz 111	Klebeharz 10	Klebeharz 111
Igamide, hart	Ameisensäure konz. Essigsäure konz. VL 495, VL 519d							
Igamidleder		VL 541, 836 Polyamid-leder 0 (heiß) ————————→						VL 546, 836 Polyamid-leder 0
Azetylzellulose (Cellon, Trolit W)	Azeton (+0,9 Tl. Butylazetat +0,1 Tl. Cellon)	Azeton (+0,9 Tl. ——————————→ Klebeharz 1 ———————→ Wärmekaschierung			evtl. m. Papier unterklebt			(Cosal U 990)
Zelluloid	Azeton, Essigester	Nitro-Kleber (wie Kohesane) ——————————————→ Kohesan S ——→		Kohesan H G	Kohesan M ——————————————→			

bestrahlung Anwendung finden. Als Prüfmethode, ob die Spannungen beseitigt sind, wird empfohlen, einige Teile ca. 1 min in Petroleum zu tauchen. Wenn starke Spannungen im Material vorhanden sind, tritt Rißbildung ein. Außerdem ist es natürlich günstig, die Kühlgeschwindigkeit in der Form nicht zu hoch zu steigern. Es muß hier ein vernünftiger Ausgleich zwischen Güte des Bauteils und Wirtschaftlichkeit gefunden werden. Dies nachträgliche Tempern ist im allgemeinen wirtschaftlicher als die Erhöhung der Formtemperatur.

3. Kleben. Thermoplastische Kunststoffe lassen sich sehr gut durch Kleben mit gleichen und anderen Stoffen verbinden. Ein leichtes Aufrauhen der Oberfläche des Kunststoffes ist zweckmäßig, gute Säuberung unbedingt notwendig, Metalle müssen, wenn sie verklebt werden sollen, sehr gut aufgerauht und zur Vermeidung von Oxydbildung sofort mit dem Klebemittel eingestrichen werden. Die Klebelösung soll möglichst dünnflüssig sein, damit sie tief in die Poren der Metallfläche eindringen kann. Die meisten Lösungsmitteldämpfe sind gesundheitsschädlich. Es muß deshalb für richtige Absaugung gesorgt werden; die Dämpfe sind schwerer als Luft, sie sammeln sich also am Grunde des Behälters. Bei der Auskleidung von Behältern muß gegebenenfalls mit einem Atem-Gerät gearbeitet werden. Beim Verkleben verschiedener Thermoplaste muß die Verträglichkeit geprüft werden. Zusatzstoffe, insbesondere Weichmacher, wandern oft noch nach längerer Zeit durch die Klebestelle hindurch. Allgemein gültige Angaben lassen sich nicht machen. Man erkundigt sich zweckmäßig über die Möglichkeit in jedem Einzelfall beim Lieferwerk der Kunststoffe. Bestehen die beiden zu verklebenden Teile aus demselben Kunststoff, so genügt ein sattes Aufeinanderpassen, was in der Wärme leicht möglich ist. Zum Verkleben verwendet man entweder geeignete Lösemittel oder das Niedermolekulare des betreffenden Polymerisates. Das Niedermolekulare wird durch Zeit und Temperatur auspolymerisiert, so daß ein verhältnismäßig einheitlicher Werkstoff entsteht. Oft werden auch Kunstharzdispersionen verwendet, besonders zum Verkleben gleicher Werkstoffe. In der Tabelle 27 sind die gebräuchlichsten Klebemittel zusammengestellt. Sollen geklebte Teile nachträglich verschweißt werden, so muß die Klebeschicht sorgfältig entfernt werden, weil sonst eine gute Bindung nicht zu erzielen ist.

4. Schweißen. Noch einheitlichere Verbindungen als durch Kleben erhält man durch Schweißen. Dies ist besonders dann wichtig, wenn das Material einem chemischen Angriff ausgesetzt wird, da häufig wohl die Beständigkeit des Kunststoffes, nicht aber die der Klebestelle ausreicht.

a) *Schweißen mit Zusatzdraht.* Das Schweißen ist ähnlich dem autogenen Schmelzschweißen von Metallen. Einige Nahtanordnungen zeigt die Abb. 45a—d. Bei den Kunststoffen kann man jedoch nicht von einem Schmelzschweißen sprechen. Der Zusatzdraht wird in seiner ganzen Materialstärke nur soweit erwärmt, daß er sich im weichen elastischen Zustand befindet. Nur an der Oberfläche wird er in einer sehr dünnen Schicht auf die Fließtemperatur erhitzt und dann unter leichtem Druck zusammengefügt. Dieser Druck ist entscheidend für eine hochwertige Verbindung. Er soll nach Möglichkeit solange andauern, daß das Material unter Druck bis unter die Einfriertemperatur abgekühlt wird. Wird dies nicht beachtet, so bilden sich infolge der großen Schrumpfwege und des geringen Dehnungsvermögens bei höheren Temperaturen leicht Risse, die die Verbindungsstelle schwächen. Dies wirkt sich bei den Thermoplasten besonders stark aus, da diese Werkstoffe sehr kerbempfindlich sind. Die richtigen Schweißtemperaturen liegen bei Polyvinylchlorid, PVC hart, bei 200—250°, bei den Mischpolymerisaten Astralon, Decilith MP, Mipolam MP bei 175—200°, bei Oppanol ORG 250—300°, bei Plexiglas 300—350°, Polyäthylen 130°. Wegen Oxydationsgefahr verwendet man für Polyäthylen statt

Luft besser Stickstoff. Bei Plexiglas läßt sich die Überhitzung kaum vermeiden, so daß praktisch nur ca 20% der Werkstoffestigkeit erreicht werden.

Die *Erwärmung* kann durch einen Heißluftstrom erfolgen. Derartige Heißluftstromerzeuger mit elektrischer oder Gasbeheizung sind im Handel zu haben. Abb. 46 zeigt ein gasbeheiztes Schweißgerät, Abb. 47 läßt den Schweißvorgang selbst bei einer V-Naht-Schweißung erkennen.

Die hohe Temperatur, die zum Schweißen notwendig ist, verträgt das Material nur sehr kurzzeitig, da es sich sonst zersetzt. In der kurzen Zeit, die zulässig ist, kann das Material nur in einer sehr dünnen Schicht an der Oberfläche auf die Schweißtemperatur gebracht werden, dies gilt sowohl für die Flanken der V-Naht wie für den Zusatzdraht. Die richtige Schweißtemperatur ist erreicht, wenn die vorher matte Oberfläche den Glanz eines Flüssigkeitsspiegels annimmt. Der Luftstrom muß gut bewegt werden, um örtliche Überhitzungen zu vermeiden. Die Luftdüse

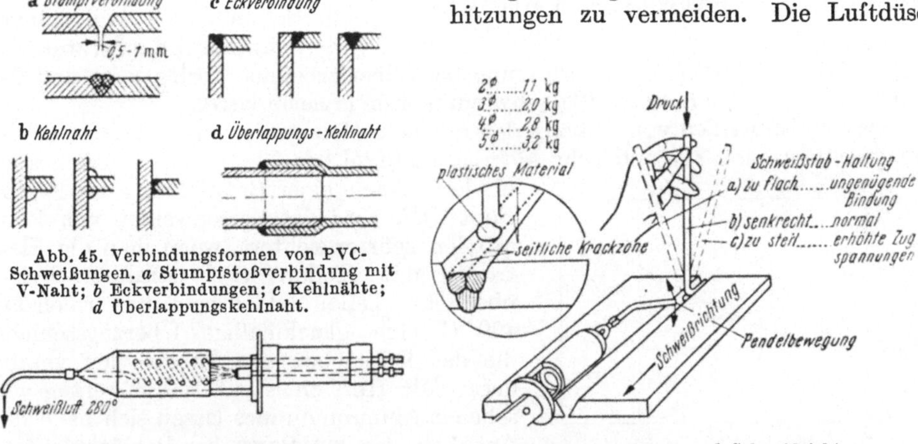

Abb. 45. Verbindungsformen von PVC-Schweißungen. *a* Stumpfstoßverbindung mit V-Naht; *b* Eckverbindungen; *c* Kehlnähte; *d* Überlappungskehlnaht.

Abb. 46. Gasbeheiztes Warmluft-Schweißgerät.

Abb. 47. Brennerführung und Schweißrichtung.

soll so geführt werden, daß die zu verschweißenden Flanken und der Zusatzdraht gleichmäßig erwärmt werden. Hierbei ist es zweckmäßig, mit dem Heißluftstrom kleine pendelnde bzw. kreisende Bewegungen auszuführen. Der Draht soll annähernd senkrecht in die V-Naht eingedrückt werden. Der Druck ist der Drahtstärke entsprechend zu wählen. Nach den DVS-Richtlinien soll er für 2 mm ⌀ 1,1 kg, für 3 mm 2,0 kg, für 4 mm 2,8 kg und für 5 mm 3,2 kg betragen. Richtige Führung von Brenner und Schweißdraht ist außerordentlich wichtig. Die Warmluft hat 2 Aufgaben zu erfüllen:

1. Der Zusatzdraht muß in seiner ganzen Stärke gleichmäßig soweit erwärmt werden, daß die Einfriertemperatur überschritten wird, so daß sich das Material plastisch in die V-Naht eindrücken läßt. Hierbei darf der weiche Bereich nicht zu groß sein, weil sonst der erforderliche Schweißdruck nicht erreicht werden kann, er darf nicht zu klein sein, weil sich sonst um den Draht herum kleine Wulste bilden, die leicht zu Überhitzungen führen.

2. Die Oberfläche des Zusatzdrahtes und die Flanken der V-Naht sollen auf die Schweißtemperatur erwärmt werden.

Sobald die Schweißtemperatur, die an der spiegelnden Oberfläche erkennbar ist, erreicht ist, müssen Schweißdraht und Flanken unverzüglich zusammengedrückt werden. Hierdurch ist die Vorschubgeschwindigkeit gegeben. Langsamerer Vorschub führt zu Überhitzung und Verbrennung, schnellerer zu Bindefehlern. Überhitzungsstellen, die an kleineren vorspringenden Teilen wegen der geringen Wärme-

kapazität manchmal nicht vermeidbar sind, müssen vor Aufbringung der nächsten
Schweißlage spanabhebend entfernt werden. Dieses Ausputzen kann mit einer
großen Feile oder einem erwärmten Messer leicht erfolgen.

b) *Schweißen ohne Zusatzdraht.* Neben diesem Schweißen mit Zusatzwerkstoff
ist das Schweißen mit dem *Heizkeil* üblich. Es ist nicht gleichgültig, welches Metall
zur Wärmeübertragung verwendet wird. H. Beck [21] findet, daß sich silberne
Schweißkeile besonders gut eignen. Bei Messing findet er ein Temperaturgefälle
zwischen Kunststoffolie und Heizkeil von 71—130°, bei Reinsilber jedoch nur 60 bis 75°.

Tabelle 28 gibt die Wärmeleitzahl und die spez. Wärme an, Abb. 48 die Abhängigkeit der Schweißgeschwindigkeit von der Schweißkeiltemperatur. Man

Tabelle 28. *Wärmeleitzahl und spez. Wärme von Schweißkeilmaterialien.*

Metall	Wärmeleitzahl	Spezif. Wärme
Reinsilber . .	390 kcal/m h °C	0,06 kcal/kg °C
Messing Mn 58 .	125 kcal/m h °C	0,09 kcal/kg °C

sieht, daß die Gefahr der Überhitzung bei Silber erheblich geringer ist und daß
sich mit Silber höhere Schweißgeschwindigkeiten erzielen lassen.

Das Verschweißen von Polyäthylen mit dem Heizkeil ist nicht einfach, da das
im geschmolzenen Zustand sehr klebrige Material das Gleiten des Heizkeiles behindert. Nach einer Entwicklung der Fa. Du Pont USA wird das Verschweißen von Polyäthylen sehr erleichtert, wenn man die Elektroden mit „Teflon" (Polytetrafluoräthylen)
überzieht. Teflon bildet beim Erwärmen auf 400° C eine gleichmäßige Überzugsschicht,
die das Festkleben von Polyäthylen verhindert. Mit Hilfe eines mit Teflonüberzug versehenen Aluminiumrades lassen sich nach den Angaben von Du Pont bei Polyäthylenfolie
Schweißgeschwindigkeiten bis zu 30 m/min erzielen. Das Verkleben des Polyäthylens an den
Elektroden kann auch durch Einstreichen mit Siliconfett verhindert werden. Die beiden zu
verbindenden Teile werden durch ein erwärmtes Metallstück, z. B. in der Art eines
elektrischen *Lötkolbens* auf Schweißtemperatur erhitzt und dann unter Druck zusammengefügt. Die Schwierigkeit ist hierbei, die richtige Vorschubgeschwindigkeit zu ermitteln, da
bei der kontinuierlichen Schweißung Wärmeabgabe an das Material und Wärmezufuhr aus
dem Lötkolben genau gleich sein müssen, um

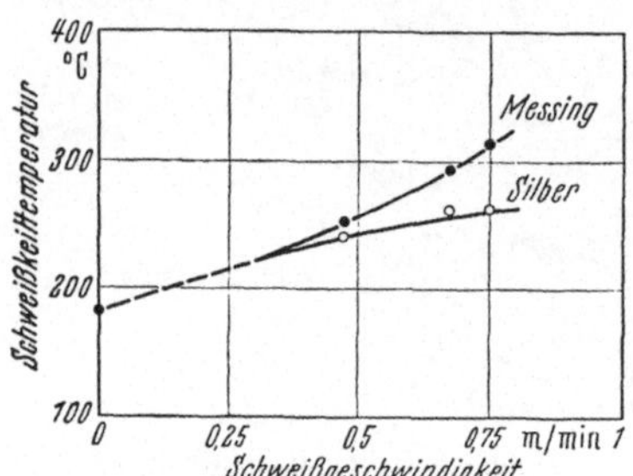

Abb. 48. Temperatur an der Spitze des
Schweißkeiles in Abhängigkeit von der
Arbeitsgeschwindigkeit bei Messing-
und Silberheizkörpern.

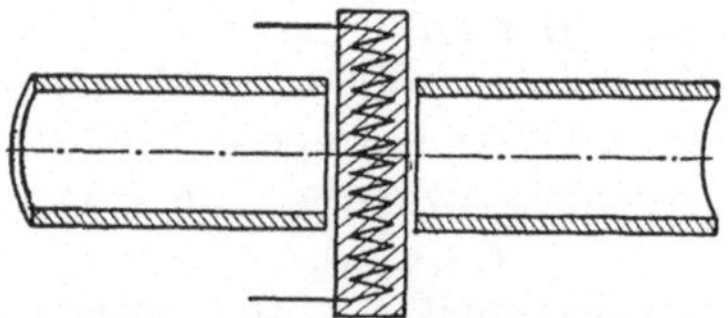

Abb. 49. Preß-Stumpfschweißung von
2 Rohrenden ohne Zusatzmaterial. Erwärmung mit Hilfe einer Heizplatte.

Bindefehler oder Überhitzungen zu vermeiden. Bei einiger Übung lassen sich gute
Schweißverbindungen herstellen. Auf diese Art und Weise kann man Rohre stumpf
schweißen, indem die Rohrenden, wie in Abb. 49 gezeigt, auf Schweißtemperatur gebracht werden. Stumpfschweißungen von Rohren lassen sich auch mit Hilfe von
Reibungswärme herstellen. Das eine Rohrende wird z. B. in das Spannfutter einer Drehbank gespannt, während das andere im Stillstand gegen das umlaufende Rohr gedrückt wird. Sobald die Schweißwärme infolge der Reibung erreicht wird, werden die
Rohre durch Abstellen der Drehbank oder Mitlaufen des zweiten Rohrabschnittes
zueinander in Ruhe gebracht und unter zusätzlichem Druck abgekühlt (Abb. 50).

Wulstbildung durch die Stauchung in Längsrichtung kann durch radialen Druck von außen z. B. durch eine Rolle vermieden werden; gleichzeitig wird hierdurch allseitiger Druckzustand in der Schweißfuge erzeugt. Man erhält auf diese Art eine höherwertige Schweißnaht, als wenn der Wulst nachträglich abgearbeitet wird. Schnelles Abkühlen evtl. unter Verwendung von Wasser ist immer zweckmäßig. Wenn die Kühlung von innen erfolgt, läßt sich der allseitige Druckzustand während des Erstarrens am ehesten erreichen. Zur Beseitigung der Schweißspannungen kann ein nachträgliches Tempern unterhalb der ET günstig sein.

c) Sehr saubere Schweißnähte erhält man durch *induktive Erwärmung.* Dieses *Hochfrequenz-Schweißverfahren* wird hauptsächlich für Kunststoffe mit Weichmacherzusatz, besonders für Folienschweißung in der Verpackungs- und Bekleidungsindustrie verwendet. Die induktive Erwärmung ist für Polystyrol und Polyäthylen in reiner Form nicht anwendbar, weil die dielektrischen Verluste zu gering sind. Man kann den Kunststoffen aber evtl. andere Stoffe zumischen, um eine Hochfrequenzerwärmung zu ermöglichen. Das Zusammennähen der Folien mit Nadel und Faden ist wegen der großen Kerbempfindlichkeit unzweckmäßig. Durch die Einstiche wird die Festigkeit der Verbindung sehr stark herabgesetzt. Ein neuerdings häufig angewendetes Schweißverfahren ist das Impulsschweißverfahren. Hierbei dienen die Elektroden gleichzeitig zum Heizen und Kühlen der Schweißnaht. Die Erwärmung erfolgt durch einen kurzen Stromstoß, die Schweißstelle erkaltet dann unter dem Elektrodendruck. Als Elektrode eignet sich ein Material mit gutem Wärmeleitvermögen und geringer spez. Wärme. Geeignet ist Silber (vgl. Tabelle 28).

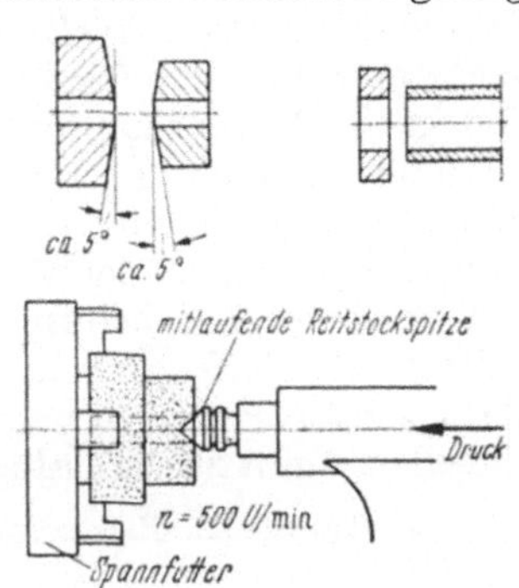

Abb. 50. Erwärmung durch Reibung Schweißung ohne Zusatzmaterial.

Bei ordnungsgemäßer Ausführung der Schweißung lassen sich bei weichem Material Gütefaktoren von 0,6—1,0 erreichen, bei PVC hart 0,6 bis 0,8. Zur Ermittlung dieser Gütefaktoren genügt es nicht, Kurzzeit-Zerreißversuche durchzuführen. Eine Verminderung der Festigkeitswerte gegenüber dem Mutterwerkstoff zeigt sich erst durch Langzeitzerreißversuche. Bei den kurzzeitigen Zerreißversuchen werden Bindefehler ebenso wie bei den metallischen Werkstoffen wegen der Fließbehinderung nicht bemerkt. Sehr aufschlußreich sind auch Biegeprüfungen.

Die Durchführung der Schweißung von Kunststoffen ist im allgemeinen nicht sehr schwierig. Geübte Metallschweißer erlernen es schneller als schweißtechnisch nicht geschulte Kräfte. Man sollte die Vorkenntnisse der Metallschweißer aber nicht zu hoch bewerten. Um zuverlässig gleichmäßig gute Schweißverbindungen herstellen zu können, bedarf es neben entsprechender Veranlagung einer ausreichenden Schulung. Außer den Lehrwerkstätten bei den Kunststofferzeugern gibt es in Deutschland Lehrwerkstätten für das Schweißen und Warmverarbeiten von Kunststoffen bei der Schweißtechnischen Lehr- und Versuchsanstalt in Halle, im Kunststoffinstitut in Aachen und an der Ingenieurschule Darmstadt.

5. Spangebende Bearbeitung. Die spangebenden Bearbeitungsverfahren kommen denen von Hartholz und Leichtmetall am nächsten. Die Kunststoffe lassen sich mit dem Messer schneiden, sie lassen sich leicht feilen, bohren, fräsen, hobeln usw. Die modernen Werkzeugmaschinen für Holz- uud Leichtmetallbearbeitung lassen sich wegen der damit erreichbaren hohen Schnittgeschwindigkeiten gut verwenden. Es sind jedoch verschiedene Sonderheiten zu beachten, ohne die eine gute Oberflächenbeschaffenheit und damit günstige mechanische Eigenschaften nicht gewährleistet sind. Die größte Schwierigkeit bietet die geringe Temperaturbeständigkeit. Während üblicherweise bei der spangebenden Formung die Temperatur allein durch die Wärmebeständigkeit des Werkzeuges begrenzt ist, ist hier die Temperaturempfindlichkeit des Kunststoffes ebenso maßgebend. Diese zulässige Temperatur liegt allgemein sehr niedrig, beim PVC bereits bei 60°. Die Temperatur ist so gering wie irgend möglich zu wählen, weil das Material bei höheren Temperaturen schmiert und bei noch höheren Temperaturen zersetzt wird. Hierbei wird z. B. bei PVC Salzsäure frei, die den Stahl unter Rostbildung angreift. Aber auch der rein mechanische Verschleiß ist bei den Kunststoffen sehr viel größer als man zunächst nach der Härte dieser Stoffe annehmen sollte. Die Verwendung unlegierter oder niedrig legierter Werkzeugstähle ist deshalb nur für kurzzeitige Bearbeitungsvorgänge möglich. Bei längerer Bearbeitungsdauer, Serienfertigung und dgl. ist die Verwendung von *Schnellstahl* zu empfehlen. Hartmetall ist bei Bearbeitung ausgehärteter Kunststoffe zweckmäßig, für Thermoplaste jedoch nicht notwendig. Die große Wärmeempfindlichkeit ist wegen der schlechten Wärmeleitfähigkeit besonders kritisch. Es muß deshalb für gute *Wärmeabfuhr* gesorgt werden. Bei PVC wird zweckmäßig mit Druckluft gekühlt. Plexiglas, Cellon können mit Wasser gekühlt werden, bei Zelluloid ist Wasserkühlung wegen der Brandgefahr notwendig. Bei trockener Bearbeitung ist gegebenenfalls Absaugen des Staubes aus Gesundheitsgründen erforderlich. Es wird empohlen, *hohe Schnittgeschwindigkeiten* und *geringe Spanstärken* zu nehmen [11]. Die Späne müssen gut abgeführt werden. Die Tabelle 29 gibt zweckmäßige Schnittgeschwindigkeiten, Vorschübe und Schneiden-

Tabelle 29. *Richtwerte für die spanabhebende Bearbeitung von Thermoplasten*
(n. ZICKEL).

		Schnitt-geschwindigkeit m/min	Vorschub mm/U	Werkzeugform α = Freiwinkel γ = Spanwinkel
Drehen	Schnellstahl	300—1000	0,3—0,5	$\alpha = 10°$, $\gamma = 15°—20°$
	Hartmetall			
Fräsen	Schnellstahl	bis 1000	0,3	$\alpha = 25°—30°$, $\gamma = 25°$
	Hartmetall			
Hobeln	Schnellstahl	höchste Geschwindigkeit der Maschine	von Stabilität des Werkstückes abhängig	$\alpha = 15°$, $\gamma = 20°$
	Hartmetall			
Bohren	Schnellstahl	bis 150	0,1—0,5	$\gamma = 15°—20°$
	Hartmetall			
Sägen	Kreissäge	2000	von Hand	Zahnteilung: 2—3 mm $\alpha = 30°—40°$, $\gamma = 5°—8°$
	Bandsäge	1200		Zahnteilung: $\sim$ 3 mm

winkel an. Der *Drehstahl* wird zweckmäßig auf der Oberseite mit einer gut polierten Hohlkehle versehen, um ein gutes Abfließen des langen Spans zu ermöglichen. Beim *Bohren* ist der Bohrer möglichst oft anzuheben, um die Späne zu entfernen. Glatte, weite Nuten mit steilem Drall sind für die Spanabfuhr vorteilhaft. Beim maßhaltigen Bohren ist die Wärmeausdehnung des Kunststoffes, die 2 bis 10 mal größer als von Stahl ist, zu berücksichtigen. Sehr günstig sind Bohrer mit Kanälen zum Einblasen von Preßluft. Solche Bohrer sind im Handel als Hartgummi- oder Kunststoffspezialbohrer zu haben.

Die *Fräser* sollen mit großer Teilung und möglichst mit Kreuzverzahnung versehen sein. Es ist hierbei jedoch auf hohe Schnittgeschwindigkeit und nicht zu großen Vorschub zu achten, damit die Oberfläche sehr glatt wird. Thermoplaste können auch mit üblichen Holzhobeln gehobelt werden. Große Schnittgeschwindigkeit ist immer zweckmäßig. Bei allen Bearbeitungsmethoden ist ein zügiger Schnitt anzustreben, jede Ratterbewegung ist unbedingt zu vermeiden. Dies ist besonders wichtig, weil die Thermoplaste sehr kerbempfindlich sind. Der Vorschub ist durch die festen Einspannmöglichkeiten begrenzt. Die bearbeitete Oberfläche muß aus Festigkeitsgründen auch dann sehr glatt sein, wenn es aus Plassungs- oder Schönheitsgründen nicht notwendig wäre. Darüber hinaus neigt das Material bei der stoßweisen Beanspruchung zur Splitterwirkung. Es muß deshalb sehr fest und möglichst allseitig eingespannt sein. Dünne Folien können mit der Papierschere oder Maschinenblechschere geschnitten werden. Es ist zweckmäßig, insbesondere bei etwas stärkerem Material die Platten auch von der Oberseite festzuspannen, wie dies z. B. in Abb. 51 dargestellt ist. Die Sprödigkeit und damit die Neigung zum Splittern ist um so größer, je niedriger die Temperatur ist. Das Schneiden und Stanzen soll deshalb bei Temperaturen nicht unter 30° vorgenommen werden. Das Material läßt sich gut schleifen und polieren. Empfohlen werden zum Polieren Schwabbelscheiben, die mit Flanell oder Inlettstoff verstärkt sind, 300 mm $\varnothing$, 1500 Umdr./min. Das Werkstück soll nur ganz leicht angedrückt

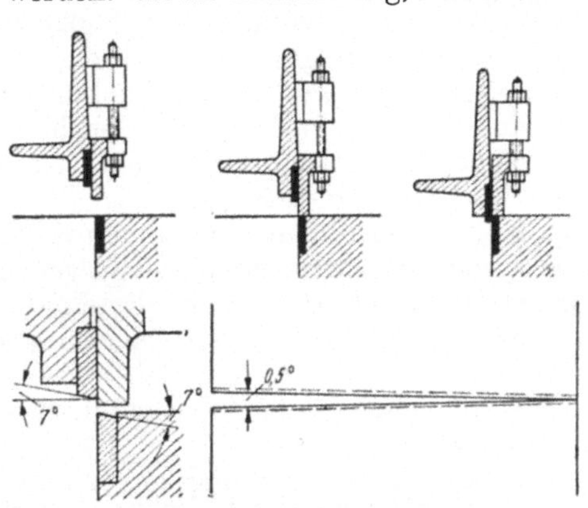

Abb. 51. Tafelschere mit Niederhalter.

werden. Erwähnt sei auch das Flammenpolieren zur Erzielung glatter Oberflächen. Hierbei wird die Oberfläche sehr kurzzeitig durch einen Gasbrenner auf hohe Temperaturen gebracht [12].

Thermoplaste können mit einem gewöhnlichen, möglichst feinzahnigen Fuchsschwanz von Hand abgetrennt werden. Schneiden mit der *Kreissäge* erfolgt mit ungeschränkten Sägezähnen, die Sägeblätter sollen aber hohl geschliffen sein. Glatte Schneidflächen erleichtern die Spanabfuhr. *Bandsägen* müssen eine geringe Schränkung haben. Die Schnittgeschwindigkeit kann 1000 bis 2000 m/min betragen. Als Zahnteilung wird 3 mm empfohlen. Das Werkstück wird zweckmäßig von der Oberseite her auf den Sägetisch gedrückt. Eine dünne Filzzwischenlage zwischen Haltevorrichtung und Werkstoff erleichtert das Gleiten beim Vorschub des Materials.

V. Anwendungsgebiete.

1. Elektrotechnik und Optik. Für die Elektroindustrie sind die Kunststoffe wegen der guten Isolationseigenschaften sehr vielseitig anwendbar. Die Anwendung der härtbaren Massen (Duroplaste) ist in der Elektrotechnik sehr viel älter und bis vor wenigen Jahren wurde das gesamte Gebiet der Elektrotechnik fast ausschließlich von Duroplasten beherrscht. Die neue Entwicklung in der Hochfrequenztechnik (Radargeräte usw.) ist nur durch die Anwendung der Thermoplaste mit geringen dielektrischen Verlusten möglich geworden. Die Duroplaste haben gegenüber den Thermoplasten den Vorteil der größeren Härte und Wärmebeständigkeit. Wenn es auf diese beiden Größen nicht ankommt, wird man vorzugsweise Thermoplaste verwenden wegen der günstigeren Fertigungsmöglichkeiten und der günstigeren elektrischen Daten. Akkukästen und Separatoren werden aus PVC oder auch aus Polystyrol hergestellt, solche für Alkalibatterien aus Polyamid.

Die Verwendung von PVC weich als Isolationsumhüllung von Leitungsdraht hat gegenüber der bisher üblichen Gummiisolation den Vorteil der unbegrenzten Alterungsbeständigkeit und brachte zusätzlich eine Verminderung der Herstellungskosten mit sich. Mechanisch etwa gleichwertig mit PVC hart ist Polyäthylen. Dort, wo es auf geringe dielektrische Verluste ankommt, ist Polyäthylen weit überlegen. Kapazitätsarme Hochfrequenzleitungen werden mit Hohlraumisolation aus Polyäthylen oder Polystyrol hergestellt. Die äußere Umhüllung fertigt man vorzugsweise aus PVC.

Kapseln, Schalter-, Radiogehäuse usw., die früher ausschließlich aus Duroplasten hergestellt wurden, fertigt man in steigendem Maße aus Thermoplasten, nachdem die Spritzgußtechnik soweit entwickelt ist, daß die Fertigung z. B. aus Polystyrol billiger wird als aus den billigsten Duroplasten. Hinzu kommt der Vorteil, daß die Teile auch in allen leuchtenden Farben hergestellt werden können, während die Duroplaste nur naturfarben oder dunkel gefärbt verpreßt werden können. Die Lichtdurchlässigkeit der Thermoplaste erlaubt das Aufdampfen von Metallen auf der Rückseite, wodurch besondere Wirkungen erzielt werden können. Die Spritzgußtechnik ist allerdings auf geringere Stückgewichte beschränkt als dies beim Verpressen der Duroplaste möglich ist.

Für komplizierte Teile mit oder ohne Metalleinspritzung ist Polystyrol das am häufigsten angewendete Material. Chassis mit Gewindebuchsen oder vollkommen eingebetteten metallischen Verbindungsleitungen können in einem Arbeitsgang hergestellt werden.

Großflächige Beleuchtungskörper werden aus glasklaren Kunststoffen gespritzt. Die starke Blendwirkung der üblichen Glühbirnen oder Leuchtröhren wird dadurch vermieden. Bemerkenswert ist bei Plexiglas die gute Durchlässigkeit im Ultraviolettgebiet. Man kann einfache Linsen im Spritzguß und im Preßverfahren herstellen. Störend ist die geringe Härte, die leicht zu einem Verschrammen bzw. Mattwerden der Oberfläche führt. Die geringe Kratzfestigkeit verhindert auch einen weitgehenden Einsatz von Plexiglas für Windschutzscheiben im Fahrzeugbau, obgleich das Material wegen der geringen Splitterwirkung und des geringen spezifischen Gewichtes sehr geeignet wäre.

2. **Maschinenbau, Schiffbau, Feinwerktechnik.** Treibriemen aus Superpolyamid haben nur $^1/_3$ des Querschnittes von Ledertreibriemen für dieselbe Kraftübertragung. Von Vorteil ist außerdem die höhere elastische Dehnung; der Preis liegt z. Zt. etwa bei 3/2 desjenigen von Ledertreibriemen. Spanndrähte aus Superpolyamid erreichen Bruchfestigkeiten von 40 kg/mm². Seile aus demselben Rohstoff (Perlon, Nylon) können nicht verrotten und haben außerdem eine außergewöhnlich hohe elastische Dehnung. Deshalb sind sie für Schleppseile für Übersee- und Lufttransporte besonders geeignet. PC-Seile haben ähnlich gute Eigenschaften, aber nicht so hohe Festigkeit wie Perlon oder Nylon. Superpolyamid wird stark mit Graphit versetzt als Lagerwerkstoff verwendet. Für langsam laufende Lager mit großen Flächenpressungen sind Duroplaste zweckmäßiger. Für Spezialzwecke hat sich aber Superpolyamid sehr gut bewährt. Durch die hohe Verschleißfestigkeit ist dieser Kunststoff auch für Gleitbahnen geeignet. Superpolyamid eignet sich wegen der hohen Zug- und Verschleiß-Festigkeit für die Herstellung von Zahnrädern. Dieses Gebiet wird aber heute noch vorzugsweise durch Duroplaste mit Gewebebahnen beherrscht.

Kunstleder auf PVC-Basis ist wesentlich strapazierfähiger als Naturleder. Deshalb wird es weitgehend für Polsterung von Fahrzeugen angewandt. Wenn außerdem eine hohe Temperaturbeständigkeit verlangt wird, eignet sich Kunstleder auf Superpolyamidbasis besser. Für Dichtungspackungen eignet sich dieses Material sehr gut. Hierfür wird auch PVC-weich oder Polyisobutylen verwendet [15]. Bei Polyisobutylen schränkt der starke kalte Fluß das Anwendungsgebiet ein. Schaugläser, Getriebedeckel usw. werden aus Astralon oder Plexiglas gefertigt. Im Schiffbau spielt die Brennbarkeit eine große Rolle. Fußbodenbeläge und Isolierungen der elektrischen Leitungen aus PVC sind deshalb hier besonders geeignet.

Ein weites Anwendungsgebiet der flüssigen Silicone ergibt sich in der Schmiertechnik. Die Silicone haben die günstige Eigenschaft, ihre Viscosität mit der Temperatur kaum zu ändern. Als Trennflüssigkeit eignen sich Silicone besser als andere Öle.

3. Behälter-, Rohrleitungs- und Apparatebau. Die moderne chemische Industrie ist ohne die thermoplastischen Kunststoffe kaum mehr denkbar. Wegen der ausgezeichneten Chemikalienbeständigkeit wird hier PVC hart, PVC weich und Polyisobutylen in großem Maße angewendet. Kleine Behälter und Rohre bis zu 6 atü werden selbsttragend aus PVC hart hergestellt. Polyisobutylen wird vorzugsweise für Auskleidungszwecke verwendet. Für die Auskleidung ist ebenfalls PVC hart oder PVC weich geeignet. In der Nahrungsmittelindustrie ist PVC hart besonders beliebt, da es den Geschmack in keiner Weise beeinflußt. Bier- und Essigleitungen werden gern aus PVC gefertigt. Abzugsleitungen für Säuredämpfe, Abflußleitungen, Galvanisieranlagen, Entwicklungsschalen und Tanks für die Photoindustrie geben ein weites Anwendungsgebiet für PVC.

4. Bauwirtschaft. Für Isolationszwecke gegen Feuchtigkeit ist Polyisobutylen (Dynagen 7112, Oppanol BA) sehr gut geeignet. Das Material läßt sich ausgezeichnet an der Baustelle verschweißen, so daß ein fugenloser, absolut dichter Belag entsteht. Die Bahnen werden mit Spezialklebern auf Beton befestigt. Von Vorteil ist die gute Dehnfähigkeit des Materials, nachteilig der kalte Fluß.

Weichgestelltes PVC wird für hochwertige Fußbödenbeläge an Stelle von Linoleum verwendet. Wegen des verhältnismäßig hohen Preises ist dieser Bodenbelag kaum für Wohnräume geeignet, sondern auf die Anwendung in repräsentativen Gebäuden bzw. auf Räume, die sehr stark beansprucht werden, beschränkt. Ein großer Vorteil liegt in der Unbrennbarkeit des PVC-Fußbodenbelags, hierdurch ist er für den Schiffbau besonders geeignet. Billigere Kunststoffbeläge stellt man neuerdings aus Polyvinylacetat-Spachtelmassen her. Die Verlegezeit beträgt etwa 5 Tage. Von der „Fachgemeinschaft Kunststoff-Spachtelböden" sind Güte-Richtlinien herausgegeben, die die Mindestwerte und Prüfmethoden für Abriebfestigkeit, Härtegrad, Rückfederung, Stempeleindrucktiefe, Wasseraufnahme und für den elektrischen Widerstand festlegen [18]. Trotz der Wasserempfindlichkeit des Polyvinylacetats sind durch entsprechende Zusätze Spachtelmassen entwickelt, die auch für Küchen und Baderäume geeignet sind. Die Spachtelbeläge sind auch für stark beanspruchte Räume in Kontor- und Krankenhäusern oder Schulen zu empfehlen. Die Haltbarkeit von PVC-Belägen wird nicht erreicht. Ein großer Vorteil der Spachtelböden ist die fugenlose Verlegung. Für Industrieräume mit hoher mechanischer Beanspruchung ist dieser Bodenbelag nur bedingt geeignet.

Wasserleitungen, Wasserkästen werden aus PVC hart hergestellt. Im Ausland wird für denselben Zweck Polyäthylen verwendet. Wasserleitungsrohre aus Polyäthylen können von der Trommel frei im Boden verlegt werden. PVC-Rohr wird aus einzelnen Längen geklebt oder geschweißt.

Schaumstoffe auf verschiedener Rohstoffbasis sind als Geräusch- und Wärmedämmstoffe sehr geeignet. Zur Isolation gegen Schall sind Schaumstoffe mit offenen

Poren am besten, da sich der Schall in den labyrinthartigen Poren verlaufen kann. Zur Isolation gegen Wärme und Kälte verwendet man Schaumstoffe mit abgeschlossenen Poren. Möglichst kleine und kugelige Poren vermindern die Zirkulation der eingeschlossenen Gase, so daß die Wärmeleitfähigkeit auf ein Minimum herabgesetzt wird. Schaumstoffe auf PVC-Basis werden mit einem spez. Gewicht von 0,3 bis 0,03 hergestellt. Die Druckfestigkeit beträgt 2—60 kg/cm².

5. Verpackung. Ein besonders wichtiges Anwendungsgebiet für die Kunststoffe ist das der Verpackung. Der Anteil der Kunststoffe am Gesamtverbrauch von Verpackungsmaterialien liegt nach STOECKHERT z. Zt. noch unter 10%. Es ist aber erstaunlich, daß die Kunststoffe trotz des verhältnismäßig hohen Preises einen wesentlichen Anteil an dem Gesamtverbrauch an Verpackungsmaterialien einnehmen. Dies ist nur möglich, weil die Eigenschaften anderer Verpackungsmaterialien gegenüber weit überlegen sind. Am bekanntesten dürfte die Cellophanfolie sein, die für die Verpackung von Verbrauchsgütern des täglichen Bedarfs großen Anklang gefunden hat. Für technische Artikel hat sich die Polyäthylenfolie sehr gut bewährt. Die Folie ist weitgehend wasserdampfundurchlässig, mechanisch fest, genügend schmiegsam und läßt sich leicht verschweißen. Die Folie wird im Blasverfahren aus einem stranggepreßten Schlauch hergestellt und kann in dieser Zylinderform für viele Verpackungszwecke belassen werden. Wegen der günstigen Eigenschaften ist die Folie für die Überseeverpackungen von wertvollen Maschinenteilen und ganzen Maschinen geeignet. Die Folie wird zu diesem Zweck zu einer allseitig geschlossenen Hülle verschweißt. Zur Absorption der miteingeschlossenen Feuchtigkeitsmenge genügt etwas Chlorkalzium, das in einem kleinen Leinenbeutel mit eingepackt wird.

Bruchsichere Flaschen bis zu 10 l Inhalt werden aus Polyäthylen oder PVC geblasen. Kapseln für Wein- und Medizinflaschen sind aus Kunststoff ebenso dicht wie aus Stanniol, sie verhindern außerdem ein unerlaubtes Öffnen. Die Kapseln können nach dem Tauch- oder Schrumpfverfahren aufgebracht werden, sie schließen besser ab als die aus Stanniol gefertigten. Tuben und Dosen werden gespritzt oder warm oder kalt gezogen. Auch Acetatfolien eignen sich für Verpackungszwecke. Neuerdings werden auch Superpolyamidfolien bei hohen mechanischen und thermischen Beanspruchungen verwendet.

6. Haushalt. Im Haushalt ergibt sich ein weites Anwendungsgebiet für Kunststoffe; Bürsten und Besen mit PVC oder Superpolyamidborsten sind sehr beliebt. Salatbestecke und unzerbrechliches Geschirr lassen sich aus Polystyrol spritzen, mottensichere Kleiderhüllen werden aus Polyamidfolie hergestellt. Ein weites Anwendungsgebiet ergibt sich bei der Herstellung von Spielzeug, das wegen der Billigkeit im Spritzgußverfahren meistens aus Polystyrol hergestellt wird. Die Anwendung von Kunststoffen im Haushalt ist in Deutschland gegenüber dem Ausland noch weit zurück, aber im starken Ansteigen begriffen.

VI. Normung, Prüfung, Erkennung.

A. Normung.

Eine Güteüberwachung, wie sie bei den Duroplasten seit 1928 durch freiwillige Verträge zwischen den Herstellern und Verarbeitern der Preßmassen und dem Staatlichen Materialprüfungsamt Berlin-Dahlem und nach dem Kriege mit dem Materialprüfungsamt Darmstadt besteht, gibt es bei den jüngeren Thermoplasten nicht. Auch die Normung ist bei den Thermoplasten unvollständiger als bei den Duroplasten. Das gesamte Gebiet der Thermoplaste befindet sich noch stark in der Entwicklung, so daß die Normungsarbeit nur sehr langsam voranschreitet. Folgende Normblätter auf dem Gebiete der Thermoplasten sind veröffentlicht.

Verzeichnis der bis 1952 erschienenen Normblätter über thermoplastische Kunststoffe.

Halbzeug

DIN 8 061	(1941)	Eigenschaften und Richtlinien für die Verwendung von PVC (Polyvinylchlorid).
DIN 8 062	(1941)	Kunststoffrohre aus Polyvinylchlorid (Rohrtyp).
DIN 8 063	(1941)	Kunststoff-Rohrbogen aus Polyvinylchlorid (Rohrtyp).
DIN 8 064	(1941)	Kunststoff-Winkel aus Polyvinylchlorid (Rohrtyp).
DIN 8 065	(1941)	Kunststoff-T-Stücke aus Polyvinylchlorid (Rohrtyp).
DIN 8 066	(1947)	Rohrverschraubungen für Kunststoffrohre aus Polyvinylchlorid.
DIN 8 067	(1941)	Loser Flansch mit Bund für Kunststoffrohr-Verbindungen aus Polyvinylchlorid (Rohrtyp) mit Flanschanschlußmaßen nach DIN 2501.
DIN 40 620 Bl. 1	(1946)	Isolierschläuche, gewebehaltig.
DIN 40 620 Bl. 2	(1946)	Isolierschläuche, gewebelos.
DIN 40 621 Bl. 1	(Entwurf 1951)	Isolierschläuche, gewebehaltig (aus lackiertem Geflecht). Technische Lieferbedingungen und Prüfverfahren.
DIN 40 621 Bl. 2	(Entwurf 1951)	Isolierschläuche, gewebelos (aus nichthärtendem Kunstharz). Technische Lieferbedingungen und Prüfverfahren.

Folien

DIN 57 345	Leitsätze für wärmebeständige Kunststoff-Folien zur Verwendung in elektrischen Maschinen (VDE 0345/3. 44).

Kunstleder

DIN 53 352	Bestimmung des Gewichtes je Flächeneinheit (Quadratmetergewicht) (Juni 1951).
DIN 53 353	Bestimmung der Dicke (Juni 1951).
DIN 53 354	Zugversuch an Gewebekunstleder (Juni 1951).
DIN 53 356	Weiterreißversuch an Gewebe- und Faserkunstleder (Juni 1951).
DIN 53 357	Trennversuch der Schichten von Gewebekunstleder (Juni 1951).

Weichmacher

DIN 53 400	Allgemeine Prüfungen (Dichte, Brechungszahl, Flammpunkt, Stockpunkt, Viskosität) (Oktober 1951).
DIN 53 401	Bestimmung der Verseifungszahl (Oktober 1951).
DIN 53 402	Bestimmung der Säurezahl (Oktober 1951).
DIN 53 403	Bestimmung der Lichtdurchlässigkeitszahl nach der Jodfarbskala (Oktober 1951).

Prüfverfahren

DIN 7 949	(Entwurf 1948) Klima-Einwirkungen, Prüfung.
DIN 53 893	(1944) Prüfung organischer Kunststoffe in Wärme- und Kälteschränken. Temperaturstufen.
DIN 57 275 u. DIN 57 275 U	(1943) Leitsätze für die Prüfung von Leitungen und Kabeln für feste Verlegung, deren Leiterisolierungen oder Mäntel aus thermoplastischen Kunststoffen bestehen (VDE 0275/5. 43).
DIN 57 302	(1948) Leitsätze für mechanische und thermische Prüfungen fester Isolierstoffe (VDE 0302/3. 43).
DIN 57 303	(1948) Leitsätze für elektrische Prüfungen von Isolierstoffen (VDE 0303/7. 40).
DIN 57 308	(1949) Leitsätze für die Erzeugung bestimmter Luftfeuchtigkeit zur Prüfung elektrischer Isolierstoffe (VDE 0308/1929).
VDE 0209/1.51	Vorschriften für Isolierhüllen und Mäntel aus thermoplastischem Kunststoff für isolierte Leitungen und Kabel.

B. Mechanische Prüfungen.

1. Der Zugversuch. Wie bei den metallischen Werkstoffen bildet der Zugversuch auch bei den Kunststoffen die Grundlage aller mechanischen Prüfverfahren. Dies gilt zumindest für die Kunststoffe mit großem Formänderungsvermögen. Bei den härtbaren Kunststoffen, den Duroplasten, wird der Biegeversuch mehr als der Zugversuch zur Bewertung der Kunststoffe herangezogen. Wir finden auch hier eine Parallele in der Prüftechnik der Metalle. Auch dort prüft man Gußeisen wegen des geringen Formänderungsvermögens durch den Biegeversuch an Stelle des sonst üblichen Zerreißversuches.

Die Durchführung des Zerreißversuches und die Probestababmessungen sind für die Kunststoffe leider nicht so allgemein gültig genormt wie bei den Metallen. Die *Zerreißfestigkeit* bestimmt man in üblicher Weise aus der Höchstlast in kg, die auf den ursprünglichen Querschnitt F_0 in cm² bezogen wird:

$$\text{Zugfestigkeit} \quad \sigma_B = \frac{\text{Höchstlast}}{\text{Querschnitt}} = \frac{P_{max}}{F_0}\,[\text{kg/cm}^2].$$

Die *Dehnung* wird in % der ursprünglichen Meßlänge l_0 angegeben. Wenn im Bruchquerschnitt eine Einschnürung vorhanden ist, so ist die Höhe der Dehnung von der gewählten Meßlänge stark abhängig. Bei der Angabe der Dehnungswerte

$$\delta_n = \frac{l_1 - l_0}{l_0} \cdot 100 \ [\%]$$

muß deshalb immer der Index n angegeben werden (n ist das Verhältnis der Meßlänge des Versuchsstabes zu dem Durchmesser des Kreisquerschnittes, der dem Anfangsquerschnitt des Probestabes flächengleich ist). Sowohl die Zugfestigkeit als auch die Dehnung sind von der *Versuchsdauer* und von der *Versuchstemperatur* wesentlich stärker abhängig als wir dies bei den Metallen gewohnt sind. Wenn man die Zeit im logarithmischen Maßstab aufträgt, so ergibt sich ein geradliniger Abfall der Zugfestigkeit mit der Zeit (Abb. 52). Genormt sind der 3-Minutenwert und der 1-Minutenwert. Zur Bestimmung der Zerreißfestigkeit sind mehrere Versuche notwendig, da die Einzelwerte stärker streuen als bei den Metallen. Wenn die Dehnung nicht mit der Versuchszeit ansteigt, so liegt dies meistens an nicht sorgfältig hergestellten Versuchsstäben. Die Dauerstandfestigkeit beträgt nur einen Bruchteil des 3-Minutenwertes. In günstigen Fällen liegt sie bei etwa $^1/_3$ des 3-Minutenwertes. Es ist deshalb zweckmäßig, die Zerreißversuche mit stark unterschiedlichen Versuchszeiten durchzuführen, um ein ungefähres Bild über den zeitlichen Abfall der Festigkeit zu erhalten.

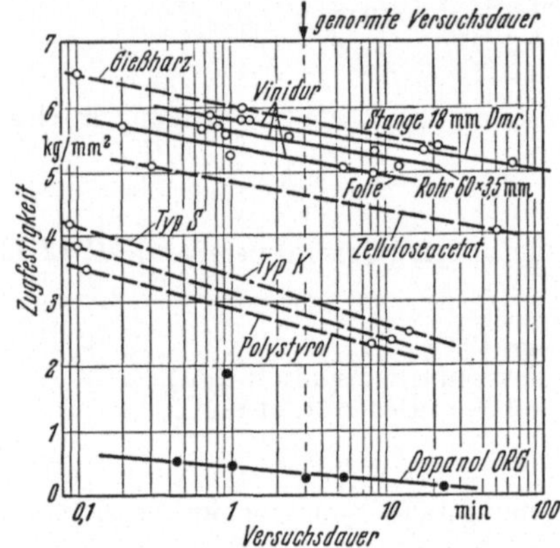

Abb. 52. Zerreißfestigkeit verschiedener Kunststoffe in Abhängigkeit von der Versuchsdauer, Prüftemperatur 20° (nach BUCHMANN).

Die 3-Minutenwerte sind für die Überwachung gleichartiger Lieferungen geeignet, zum Vergleich verschiedener Kunststoffe untereinander sind sie jedoch unzweckmäßig, da hohe Kurzzeit-Festigkeitswerte noch keine Gewähr für gute Langzeitwerte geben (vgl. Abb. 18).

Durch den Zugversuch wird meistens nur die Zerreißfestigkeit und die Dehnung bestimmt. Die Bestimmung der *Streckgrenze* hat nicht die Bedeutung wie bei den Metallen, da schon geringe Belastungen bleibende Verformungen bewirken. Hinzu kommen die Schwierigkeiten durch den Zeiteinfluß (Versuchsdauer).

Den *E-Modul* bestimmt man zweckmäßig durch den Biegeversuch oder durch Schwingungsversuche.

2. Der Biegeversuch wird hauptsächlich für die Prüfung der härtbaren Kunststoffe durchgeführt. Für die zähen Thermoplaste ist der Biegeversuch nicht geeignet, weil sich der Probestab nur durchbiegt, aber nicht zu Bruch geht. Versuchsanordnungen zeigen die Abb. 53···55. Zur Bestimmung der Festigkeit und Verformbarkeit arbeitet man meistens nach der Anordnung Abb. 53, seltener nach Abb. 54 oder 55. Der genormte Probestab hat eine Größe von 120 × 15 × 10 mm. Als Vergleichszahlen werden die Biegefestigkeit σ_b in kg/cm² und die Durchbiegung f in cm bis zum Bruch bestimmt.

$$\sigma_b = \frac{M}{W} = \frac{P \cdot l}{4 \cdot W}\,[\text{kg/cm}^2]; \quad W = \frac{b \cdot h^2}{6},$$

worin l = Länge, b = Breite und h = Höhe des Stabes in cm.

Der Zeiteinfluß ist beim Biegeversuch ebenso maßgebend wie beim Zugversuch. Die Bestimmung des E-Moduls erfolgt nach Abb. 53 aus der Formel

$$E = \frac{P}{f} \cdot \frac{1}{J} \cdot \frac{l^3}{48} \ [\text{kg/cm}^2],$$

wobei f die elastische Durchbiegung bedeutet und als relative Bewegung zwischen Punkt 2 gegenüber 1 und 3 gemessen wird. J ist das Trägheitsmoment des Probestabquerschnittes.

Zur Bestimmung des E-Moduls eignet sich die Anordnung nach Abb. 55 ebenfalls gut. Der E-Modul wird hier nach der Formel

$$E = \frac{P}{f} \cdot \frac{1}{J} \cdot \frac{l^3}{3} \ [\text{kg/cm}^2] \text{ errechnet.}$$

Die Schlagbiegefestigkeit und die Kerbzähigkeit werden ähnlich wie bei der Metallprüfung mit Hilfe eines Pendelhammers bestimmt. Die Versuchsbedingungen sind nach VDE 0302 genormt. Als Prüfkörper werden wieder Stäbe $120 \times 15 \times 10$ mm verwendet. Die Versuchsanord-

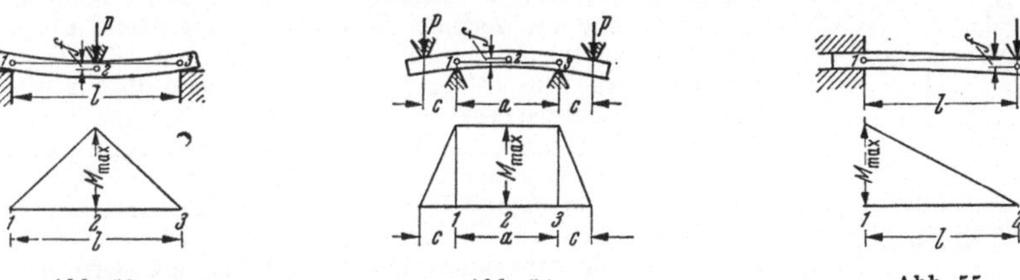

Abb. 53.   Abb. 54.   Abb. 55.

Abb. 53—55. Ausführungsarten des Biegeversuches (nach NITSCHE). Versuchsanordnungen und Verteilung der Biegemomente.

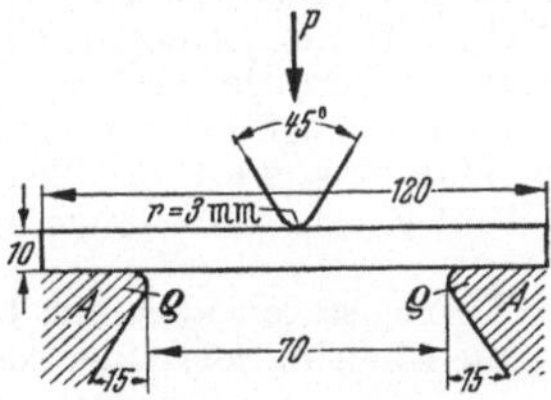

Abb. 56. Anordnung der Schlag-biege-Festigkeitsprüfung nach VDE 0302.

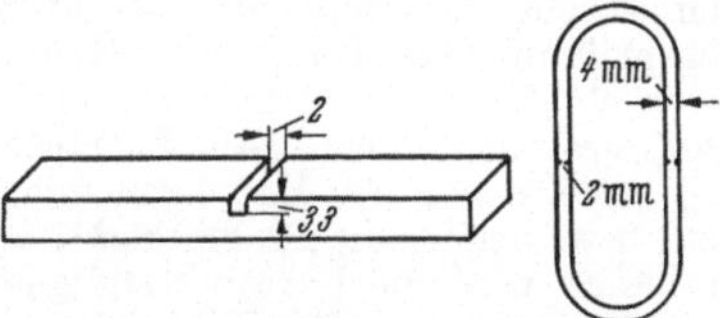

(Schlagversuch)   (Zugversuch)

Abb. 57. Prüfkörper zur Bestimmung der Kerbzähigkeit. a für harte Kunststoffe, b für gummiartige Kunststoffe.

nung zeigt Abb. 56. Als Vergleichsmaß gilt die Schlagbiegefestigkeit a_n in cmkg/cm², die als Quotient aus verbrauchter Schlagarbeit und Probenquerschnittsfläche in der üblichen Weise errechnet wird. Dasselbe gilt für die Kerbzähigkeit a_k in cmkg/cm² an gekerbten neuen Stäben nach Abb. 57. Üblich sind Pendelschlaghämmer mit 10, 40 und 150 cmkg Arbeitsinhalt. Für Kunststoffe mit großem Formänderungsvermögen, z. B. PVC, sind diese Arbeitsinhalte zu gering. Man verwendet deshalb die bei der Metallprüfung gebräuchlichen Pendelschlaghämmer mit 5 oder 10 mkg Arbeitsinhalt.

Ein Vergleich der Werte, die auf Pendelhämmern mit unterschiedlicher Schlaggeschwindigkeit erhalten sind, ist nur bedingt möglich, weil das Versuchsergebnis von der Schlaggeschwindigkeit stark abhängig ist. Abb. 58 zeigt, daß eine Prüfung bei unterschiedlichen Schlaggeschwindigkeiten eine umgekehrte Bewertung ergeben kann.

An kleinen Proben lassen sich die Biegefestigkeit und die Schlagbiegefestigkeit mit dem *Dynstat-Gerät* nach SCHOB, NITSCHE, SALEWSKI bestimmen. Mit diesem im MPA Berlin-Dahlem entwickelten Prüfgerät lassen sich die mechanischen Werte an Prüfkörpern von nur $10 \times 20 \times 4$ mm Probengröße bestimmen. Die Proben können aus fertigen

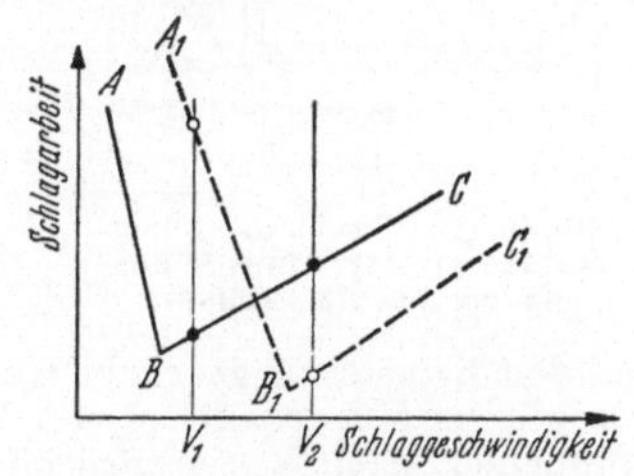

Abb. 58. Bewertung zweier Werkstoffe bei 2 Schlaggeschwindigkeiten V_1 und V_2. Die Kurvenzüge der beiden Werkstoffe $A\,B\,C$ und $A_1\,B_1\,C_1$ sind gegeneinander verschoben, so daß eine Prüfung bei den Schlaggeschwindigkeiten V_1 und V_2 eine umgekehrte Bewertung gibt (nach NITSCHE).

Bauteilen herausgearbeitet werden, so daß das fertige Material in dem der Praxis entsprechenden Verarbeitungszustand, z. B. Spritzguß, geprüft werden kann. Das Gerät erlaubt die dynamische Prüfung von kleinen Schlagbiegeproben oder bei entsprechender Einspannung die statische Biegefestigkeitsprüfung. Das Gerät hat verschiedene Meßbereiche, so daß zähe und spröde Stoffe mit demselben Gerät geprüft werden können.

3. Die Härteprüfung ermöglicht eine schnelle Orientierung über das mechanische Verhalten. Die Prüfung wird ähnlich der bei Metallen üblichen BRINELLschen Kugeldruckprobe durchgeführt (Abb. 59). Als Druckkörper wird eine gehärtete Stahlkugel von 5 mm Durchmesser verwendet. Die Belastung beträgt 50 kg, gemessen wird nicht der Durchmesser des Kugeleindruckes nach der Entlastung, sondern die Tiefe des Eindruckes h nach 10 und 60 sek Belastungsdauer während der Lasteinwirkung. Die Härte berechnet man nach der Formel

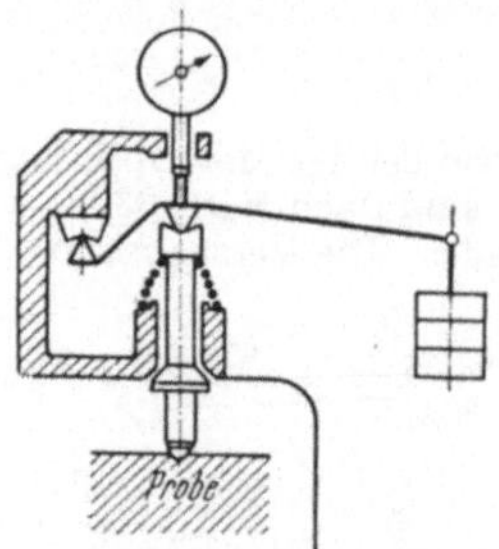

$$H = \frac{P}{\pi \cdot D \cdot h} \ [\mathrm{kg/cm^2}],$$

in der $P =$ Belastung in kg, $D =$ Durchmesser der Kugel in cm, $h =$ Eindringtiefe in cm.

Wichtig ist, daß die Probe satt aufliegt, sonst geht die Durchbiegung einer hohl aufliegenden Probe in die Messung mit ein und täuscht eine zu geringe Härte vor. Aus dem Unterschied der Härtewerte für 10 und 60 sek gewinnt man ein Bild über den *kalten Fluß*. Für weiche Stoffe wendet man die für Weichgummi übliche Kugeldruckprüfung nach DIN 53 503 an. Gemessen wird hierbei die Eindringtiefe einer 10 mm Stahlkugel zwischen einer Vorlast von 50 g bis zu einer Gesamtlast von 1050 g. Man bestimmt die gemessene Tiefe in $^1/_{100}$ mm und bezeichnet diese Tiefe als Weichheitszahl (dimensionslose Größe).

Abb. 59. Prinzip der Härteprüfung. Gemessen wird die Eindringtiefe einer Kugel unter einer bestimmten Last nach 10 und 60 Sek.

4. Die Formbeständigkeit in der Wärme wird vorzugsweise nach den Methoden von MARTENS oder VICAT bestimmt. Nach MARTENS wird ein Normalstab $120 \times 15 \times 10$ mm nach Abb. 60 auf Biegung beansprucht. Die ganze Vorrichtung befindet sich in einem Luftthermostaten, dessen Temperatur stetig mit einer Geschwindigkeit von 60° C je Stunde gesteigert wird. Eine zuverlässig gleichmäßige Temperatur-Steigerung erreicht man, indem die Heizung über ein Relais durch ein Kontaktthermometer und dieses durch einen kleinen Synchronmotor (Uhrwerksmotor) gesteuert wird. Als Formbeständigkeit nach MARTENS wird die Temperatur angegeben, bei der sich der Hebelarm mit dem Gewicht G bei 240 mm Hebellänge um 6 mm gesenkt hat, bzw. bei der die Probe bricht.

Nach VICAT wird die Formbeständigkeit in demselben Thermostaten ebenfalls bei einer Temperatursteigerung von 60°/Std ermittelt. Gemessen wird die Eindringtiefe einer Nadel, die

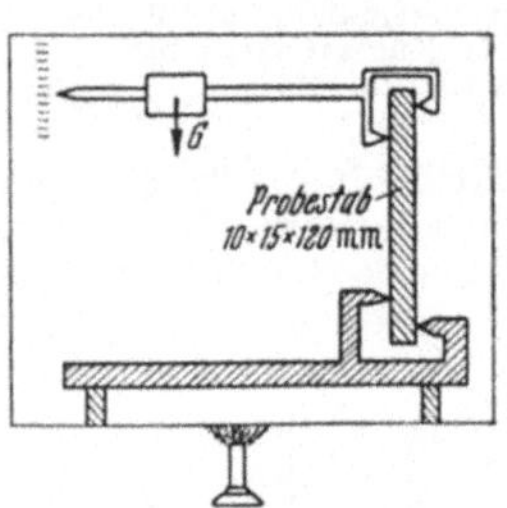

Abb. 60. Anordnung der Formbeständigkeitsprüfung in der Wärme (nach MARTENS).

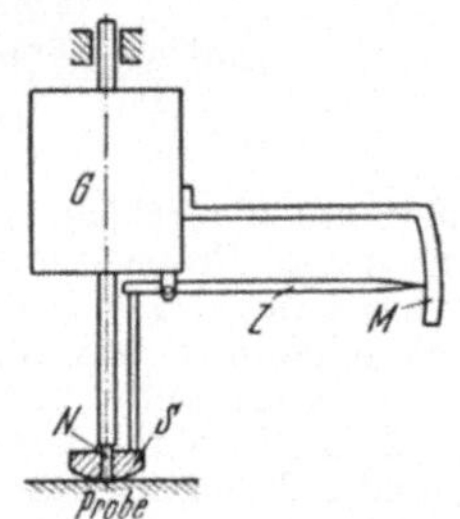

Abb. 61. Anordnung bei der Prüfung auf Wärmebeständigkeit (nach VICAT).

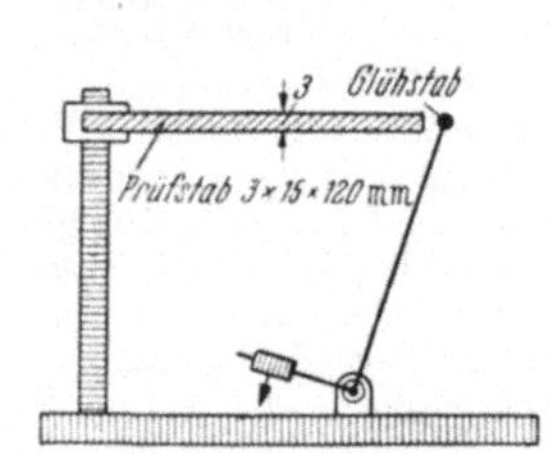

Abb. 62. Anordnung der Glutfestigkeitsprüfung.

auf den Kunststoff gedrückt wird, in der in der Abb. 61 skizzierten Form. Die unten plangeschliffene VICATnadel N von 1 mm² Querschnittsfläche wird mit 5 kg belastet. Als Formbeständigkeit nach VICAT wird die Temperatur bezeichnet, bei der die Relativbewegung von S gegen N 1 mm beträgt.

5. Die Bestimmung der Glutfestigkeit nach SCHRAMM-ZEBROWSKI wird heute an Stelle der Feuersicherheitsprüfung durchgeführt. Die Prüfung erfolgt nach Abb. 62. Ein auf 950° C erwärmter Silitstab berührt 3 Min. lang die kleinste Fläche eines $120 \times 15 \times 3$ mm großen Prüf-

Tabelle 30. *Bestimmung der Glutfestigkeit.*

1	2	1	2	1	2
Produkt (mg × cm)	Gütegrad	Produkt (mg × cm)	Gütegrad	Produkt (mg × cm)	Gütegrad
über 100 000	0	10 000—1000	2	100—10	4
100 000—10 000	1	1 000— 100	3	unter 10	5

Gütegrad 0 bedeutet also stark brennbar, Gütegrad 5 nicht brennbar.

stabes. Gemessen wird nach dem trockenen Löschen des Versuchsstabes der Gewichtsverlust in mg und die Flammenausbreitung auf dem Stab in cm. Als Maßstab für die Glutfestigkeit gilt das Produkt aus Gewichtsverlust in mg und der Flammenausbreitung in cm. Wie in der Tabelle 30 gezeigt wird, teilt man die Kunststoffe in 5 Güteklassen ein.

C. Elektrische Prüfungen.

Die Prüfung der elektrischen Eigenschaften der Kunststoffe ist für die Beurteilung der Verwendbarkeit als elektrische Isolierstoffe entscheidend. Die Verfahren sind jedoch so mannigfaltig, daß sie im Rahmen dieses Buches nicht beschrieben werden können. Es sollen deshalb nur die in den Eigenschaftstabellen aufgeführten Werte kurz erläutert werden.

1. Der Durchgangswiderstand. Man versteht darunter den inneren Widerstand Ri des Isolierstoffes. Sein Wert wird unter Ausschluß der Oberflächenleitfähigkeit an einer 3 mm starken Platte gemessen. Aus der Messung wird der *spezifische Widerstand* ϱ eines Würfels von 1 cm Kantenlänge errechnet:

$$\varrho = \frac{Ri \cdot F}{a} \ [\Omega \cdot \mathrm{cm}],$$

worin Ri = gemessener Widerstand in Ω, F = Fläche der aufgebrachten Elektroden in cm², a = Plattenstärke in cm.

Die Leitfähigkeit im Inneren ist durch den molekularen Aufbau des Stoffes bedingt und ist vorwiegend eine Ionenleitfähigkeit.

2. Der Oberflächenwiderstand kann durch Feuchtigkeitsaufnahme in der Oberfläche erheblich geringer sein als der Durchgangswiderstand. Die Messung ist deshalb von der Vorbehandlung des Materials stark abhängig. Der Oberflächenwiderstand wird zwischen zwei parallelen, 10 cm langen schneidenförmigen Elektroden, die im Abstand von 1 cm auf den Isolierstab aufgesetzt sind, in Ω gemessen. Der *spezifische Oberflächenwiderstand* ist definiert als ein Viertel des Widerstandes zwischen 2 parallelen, mit Elektroden versehenen Seiten eines im Innern nicht leitenden Würfels von 1 cm Kantenlänge. Er beträgt:

$$\varrho_0 = \frac{Ro \cdot l}{a} \ [\Omega].$$

R_0 = gemessener Oberflächenwiderstand in Ω, l = Länge der Schneiden in cm, a = Abstand der Elektroden in cm.

Der Oberflächenwiderstand ist vorwiegend durch die Verunreinigungen der Oberfläche, Ad- und Absorption von Wasser oder anderer Flüssigkeiten bedingt.

3. Die Durchschlagsfestigkeit wird gemessen als die Spannung, bei der bei langsamer Spannungssteigerung der Durchschlag erfolgt. Die Durchschlagsspannung wird mit sinusförmiger Wechselspannung ermittelt. Maßgebend ist der Scheitelwert der Spannung. Die Spannungssteigerung soll stetig oder in kleinen Stufen und so schnell erfolgen, daß der Durchschlag nach etwa 30 Sekunden erfolgt. Die Durchschlagsfestigkeit wird in kV/mm angegeben.

4. Die Kriechstromfestigkeit. Zu ihrer Prüfung gibt es kein genormtes Verfahren. Die thermoplastischen Kunststoffe verhalten sich im allgemeinen günstiger als die füllstoffhaltigen Duroplaste. Nach NITSCHE-PFESTORF erhält man durch folgende Prüfung einen Anhalt über die Kriechstromfestigkeit:

Auf eine ebene waagerechte Fläche der Isolierstoffprobe werden zwei 5 mm lange schneidenförmige Elektroden in 5 mm Abstand aufgesetzt. Das Gewicht einer Elektrode soll etwa 200 g betragen. An den Elektroden liegt eine Wechselspannung von 300 V und 50 Hz. Der Strom wird durch einen Vorwiderstand von 60 Ohm auf 5 A begrenzt. Zwischen die Elektroden wird aus einer Tropfflasche ein Tropfen von etwa 0,2 mg Gewicht einer 0,5 %igen Nekallösung gebracht [20]. (Die spezifische Leitfähigkeit der ½%igen Lösung ist bei 20° 2800 μ sek/cm).

Die Flüssigkeit verdampft unter der Wirkung des Stromes. Nach dem Abreißen der Flüssigkeitsbrücke, im allgemeinen nach einer Zeit kleiner als 30 sek, wird ein zweiter Tropfen zwischen die Elektroden gebracht. Es wird die Anzahl der Tropfen bzw. bei 30 sek Tropfenabstand die Zeit bis zur Bildung eines leitenden Kriechweges als Maß für die Kriechstromfestigkeit gewertet. Eine andere Methode ist von KAPPELER beschrieben [19].

5. Der dielektrische Verlustfaktor ist der tg des Winkels δ, der den Leistungswinkel φ zu 90° ergänzt. Der cos dieses Winkels wird als Leistungsfaktor bezeichnet. Die im Isolierstoff in Wärme umgesetzte Verlustleistung ist dem Leistungsfaktor proportional. Die Werte für tg δ

liegen etwa zwischen 0,5 und 0,0001. Um nicht so kleine Zahlen zu haben, wird der Wert für $tg\ \delta \times 10^4$ angegeben.

6. Die Dielektrizitätskonstante gibt das Verhältnis der Kapazität eines Kondensators mit dem betreffenden Kunststoff als Dielektrikum zu der Kapazität desselben Kondensators ohne Dielektrikum (Vakuum) an. Die Dielektrizitätskonstante wird mit ε bezeichnet und ist eine dimensionslose Zahl.

Bei allen Prüfverfahren ist darauf zu achten, daß die gefundenen Werte stark temperatur- und zeitabhängig sind. Ein Vergleich der Meßwerte verschiedener Kunststoffe ist daher nur bedingt möglich. Abb. 63 zeigt die Abhängigkeit des spezifischen Widerstandes von der Temperatur. Bei der Messung der elektrischen Daten ist die Luftfeuchtigkeit, bei der die Proben gelagert waren, von großer Bedeutung. Einen Probenlagerraum mit definierter Luftfeuchtigkeit kann man sich leicht behelfsmäßig einrichten, indem man in ein allseitig abgeschlossenes Gefäß eine flache Schale mit Schwefelsäure bestimmter Konzentration setzt. Alle Ergebnisse aus den Kurzprüfungen können nur einen Anhalt für die praktische Brauchbarkeit geben. Die genormten Prüfverfahren sind geeignet, die Gleichmäßigkeit verschiedener Lieferungen zu überwachen. Zur Beurteilung der praktischen Verwendbarkeit für ein neues Anwendungsgebiet reichen die genormten Verfahren selten aus, man muß vielmehr Versuche durchführen, bei denen die jeweiligen Betriebsbedingungen soweit wie irgendmöglich nachgebildet sind.

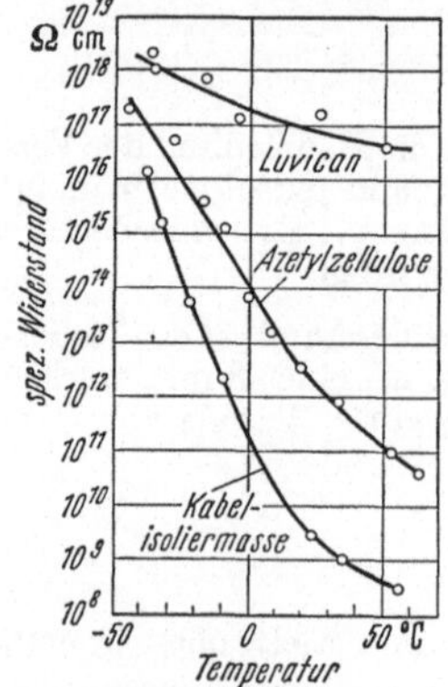

Abb. 63. Spezifischer Isolationswiderstand von 3 hochwertigen Isolierstoffen in Abhängigkeit von der Temperatur (nach NITSCHE).

D. Erkennen.

Um zu erkennen, aus welchem Kunststoff ein vorliegender Gegenstand hergestellt ist, eignet sich zur ersten Orientierung am besten der Brenn-Test und die Bestimmung des spez. Gewichtes. Ein Stück des Kunststoffes wird einige Sekunden der Flamme eines Bunsenbrenners ausgesetzt und dann der Grad der Brennbarkeit, die Farbe und Art der Flamme und der Geruch der Verbrennungsgase bzw. des angebrannten Kunststoffes beurteilt. Die Tabellen 31 u. 32

Tabelle 31. *Durch die Bestimmung des spez. Gewichtes ist eine erste Eingruppierung möglich. Füllstoffe können das Raumgewicht jedoch beeinflussen.*

Spezifisches Gewicht	Material
0,9 bis 1	Polyäthylen, ungefüllter Kautschuk, Polyisobutylen
1,0 bis 1,2	Polystyrol, normal gefüllter Weich- und Hartgummi, Zelluloseäther, Polymethakrylate
1,2 bis 1,4	Vulkanfiber, Zelluloseester, Polyvinylester, auch Hart- und Weich-PVC, Phenolharze und Phenolharz-Preßstoffe mit organischen Füllmitteln
1,4 bis 1,5	Carbamidharz-Preßstoffe mit organischen Füllmitteln
1,5 bis 1,8	Polyvinylchlorid, Chlorkautschuk, anorganisch gefüllte Preßmassen
über 1,8	Polytetrafluoräthylen, Silikone

geben eine Möglichkeit, den unbekannten Kunststoff einzugruppieren. Das Verfahren wird erleichtert, wenn man Kunststoffe bekannter Zusammensetzung zum Vergleich zur Verfügung hat. Die Werte erleichtern nicht nur die Identifizierung eines vorliegenden unbekannten Kunststoffes, sondern geben gleichzeitig einen Hinweis der Brauchbarkeit. Außer dem Brenn-Test kann die Prüfung der Löslichkeit zur Identifizierung eines Kunststoffes herangezogen werden. Als Maßstab dient die Lösungsgeschwindigkeit, nicht die gelöste Menge. NITSCHE hat die Tab. 33 (S. 64) aufgestellt; um mit geringen Mengen von Versuchsmaterial auszukommen, empfiehlt er, nur 10 mg Testmaterial in 1 cm³ Lösungsmittel 10 min ruhig in einem engen Reagenzglas stehen zu lassen und anschließend 10 sek zu schütteln. Wird dann alles gelöst, so ist die Löslichkeit mit 3 bezeichnet. Wenn nicht alles gelöst ist, wird 2 Stunden nach Versuchsbeginn nochmals 10 sek geschüttelt. Bei vollständiger Auflösung ist die Löslichkeit mit 2 bezeichnet. Wenn sich nach 24 Stunden eine vollständige Auflösung erzielen läßt, ist die Löslichkeit mit 1 bezeichnet. Wenn keine Auflösung bemerkbar war, so erhält die Löslichkeit die Bezeichnung 0. Alle Ver-

Tabelle 32. *Brenn-Test. Die Flamme wird zweckmäßig nicht zu stark gewählt.*

Die Probe	Material
brennt nicht, wird nur angerußt . .	Silikone, Tetrafluoräthylen
brennt nicht, aber springt und zersetzt sich	Ausgehärtete Phenoplaste und Aminoplaste (Schichtstoffe können nach hinreichender Entzündung weiterbrennen)
brennt in der Flamme, unter Zersetzung	Kunsthorn
erweicht und zersetzt sich	Anilinharz, Polyvinylchlorid und Mischpolymerisate, weichgestelltes Polyvinylchlorid (brennt ggf. auch weiter, aber nicht so heftig wie Gummi)
brennt nach Wegnehmen der Flamme weiter	(Vulkanfiber), regenerierte Zellulose, Methylzellulose, Polymethakrylat
brennt weiter und erweicht dabei .	Polyisobutylen, Polyvinylazetat
brennt weiter und schmilzt dabei . .	Polystyrol, Polyamide, Polyäthylen, Zelluloseazetat, Äthylzellulose
brennt äußerst heftig ab.	Zellulosenitrat (Zelluloid)

suche sind bei 20° durchgeführt. — Bei der Anwendung aller Verfahren empfiehlt es sich, Vergleichsversuche mit bekannten Kunststoffen anzuwenden.

H. SAECHTLING [18] hat eine Kunststoffbestimmungstafel aufgestellt und gibt darin einen Überblick, welche Kennzeichen zur Bestimmung herangezogen werden können. Er beschreibt auch die Durchführung der einzelnen Bestimmungsverfahren, die teilweise schwierig sind und ausreichende Kenntnisse der allgemeinen chemischen Analysenverfahren erfordern.

Schrifttumsverzeichnis.

[1] BECK: Kunststoffe 1951 S. 325. — [2] NITSCHE-HEERING: Kst. 1950 S. 77. — [3] JENCKEL: Kst. 1950 S. 98. — [4] GÄTH: Kst. 1951 S. 1; JENCKEL: Kst. 1950 S. 100. — [5] SCHMID, BUCH: Im Innern von Kunststoffen. Basel: Birkhäuser 1949. — [6] SCHULZ: Kunststofftechnik 1940 S. 249. — [7] SAECHTLING: Werkstoffe u. Korr. 1950 S. 251.- Kst. 1950 S. 118. — [8] LEUCHS: Kst. 1951 S. 309. — [9] BECK: Kst. 1950 S. 23. — [10] VDI; Verlag. — [11] ZICKEL: Kst. 1951 S. 78. — [12] KREKELER: Kst. 1950 S. 194. — [13] SCHWARZ: Kst. 1951 S. 3. — [14] BUCHMANN: Polyvinylchlorid-Kunststoff. Lehmanns Verlag. — [15] SAECHTLING: Kst. 1951 S. 448. — [16] Kst. 1951 S. 207. — [17] NITSCHE: Kst. 1950 S. 29. — [18] SAECHTLING: Kst. 1952 S. 21. (Die Tafel ist auch als Sonderdruck im Carl Hanser-Verlag, München erschienen). — [19] KAPPELER: Kunststoffe 1950 S. 40. — [20] NITSCHE-PFESTORF: Prüfung und Bewertung elektrotechn. Isolierstoffe. Berlin: Springer 1940. — [21] BECK: Kst. 1949 S. 212.

Ferner sei besonders auf folgende Bücher hingewiesen:

HOUWINK: Chemie u. Technologie der Kunststoffe. Leipzig: Akad. Verl.-Ges. Becker u. Erler 1942. — HOUWINK: Grundriß der Kunststofftechnologie. Leipzig: Akad. Verl.-Ges. Becker u. Erler 1944.— PABST: Kunststoff-Taschenbuch. München: Hanser 1950.

Tabelle 33. *Kunststoffbestimmungstafel nach* NITSCHE.

Lösungsmittel	Kolophonium Pulver	Kautschuk Stücke	Bienenwachs Stücke	Polystyrol Pulver	Chlorkautschuk niedrigviskos Pv	Zelluloseacetat Pulver	Harnstoffharz Pulver	Phenolnovolak Pulver	Kresolnovolak Pulver	Phenolresol Pulver	Kresolresol Pulver	Polyvinylazetat niedrigvisk. Pulver	Polyvinylazetat hochviskos Pulver	Polyvinylchlorid Pulver
Standard-Lösungsmittel														
Petroläther														
Testbenzin														
Benzol														
Methylenchlorid														
Chloroform														
Alkohol 95 %														
Aether														
Azeton														
Eisessig														
Essigester														
Zusätzliche Lösungsmittel														
Tetrachlorkohlenst.														
Trichloräthylen														
Epichlorhydrin														
Methanol														
Jsopropylalkohol														
Butanol														
Anon														
Butylazetat														
Äthylbutyrat														
Jsoamylvalerianat														
Pyridin														

Legende:

nach 10 Minuten völlig gelöst = schnell löslich = Löslichkeit 3

nach 2 Std. völlig gelöst, jedoch noch nicht nach 10 Min. = mäßig schnell löslich = Löslichkeit 2

nach 24 Std. völlig gelöst, jedoch noch nicht nach 2 Std. = langsam löslich = Löslichkeit 1

o ungelöst = Löslichkeit 0

⊚ ungelöst, gequollen (Oq)

teilweise gelöst (tg)

fast völlig gelöst (fvg)

Die Löslichkeitsangaben gelten nur für die untersuchte Probe

WERKSTATTBÜCHER

FÜR BETRIEBSANGESTELLTE, KONSTRUKTEURE UND FACHARBEITER. HERAUSGEGEBEN VON DR.-ING. H. HAAKE, HAMBURG

Jedes Heft 50—70 Seiten stark, mit zahlreichen Abbildungen

Die Werkstattbücher behandeln das Gesamtgebiet der Werkstattstechnik in kurzen selbständigen Einzeldarstellungen: anerkannte Fachleute und tüchtige Praktiker bieten hier das Beste aus ihrem Arbeitsfeld, um ihre Fachgenossen schnell und gründlich in die Betriebspraxis einzuführen.

Die Werkstattbücher stehen wissenschaftlich und betriebstechnisch auf der Höhe, sind dabei aber im besten Sinne gemeinverständlich, so daß alle im Betrieb und auch im Büro Tätigen, vom vorwärtsstrebenden Facharbeiter bis zum leitenden Ingenieur, Nutzen aus ihnen ziehen können.

Indem die Sammlung so den Einzelnen zu fördern sucht, wird sie dem Betrieb als Ganzem nutzen und damit auch der deutschen technischen Arbeit im Wettbewerb der Völker.

Einteilung der bisher erschienenen Hefte nach Fachgebieten

(Fortsetzung 3. Umschlagseite)

(Fortsetzung 4. Umschlagseite)